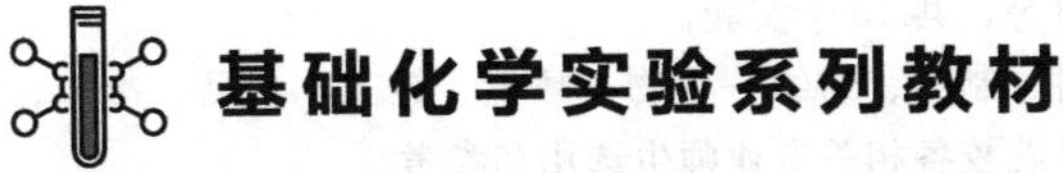

基础化学实验系列教材

无机化学实验

WUJI HUAXUE SHIYAN

黄妙龄　主　编

许妙琼　李文杰　副主编

化学工业出版社

·北京·

本书分为基础知识和基本操作、实验内容两大部分。内容包括实验室规则、安全守则和事故应急处理，化学试剂、实验室用水和“三废”处理，无机化学实验技能及操作规范，实验数据处理，基本实验，综合、设计实验，元素化学实验，开放实验等，共40个实验。

本书可作为高等学校化工、化学、材料、制药、纺织、生物、环境、轻工、食品、冶金、地质等专业的无机化学实验教材，也可供农、林、医等院校各相关专业师生选用和参考。

图书在版编目（CIP）数据

无机化学实验/黄妙龄主编. —北京：化学工业出版社，2020.6（2024.9重印）

基础化学实验系列教材

ISBN 978-7-122-36479-1

Ⅰ. ①无… Ⅱ. ①黄… Ⅲ. ①无机化学-化学实验-高等学校-教材 Ⅳ. ①O61-33

中国版本图书馆 CIP 数据核字（2020）第 046929 号

责任编辑：张　艳　　　装帧设计：王晓宇

责任校对：王素芹

出版发行：化学工业出版社（北京市东城区青年湖南街 13 号　邮政编码 100011）

印　　装：北京盛通数码印刷有限公司

787mm×1092mm　1/16　印张 10　字数 238 千字　2024 年 9 月北京第 1 版第 6 次印刷

购书咨询：010-64518888　　　售后服务：010-64518899

网　　址：http：//www.cip.com.cn

凡购买本书，如有缺损质量问题，本社销售中心负责调换。

定　　价：28.00 元

前言

化学是一门以实验为基础的科学，无机化学实验是化学、化工、材料等专业学生的第一门必修的专业基础实验课。无机化学实验课程的目的就是通过实验教学，帮助学生更好地掌握无机化学理论课所学的知识，熟悉重要无机化合物的制备方法，掌握无机化学基本实验方法和操作技能，着力培养学生养成良好的实验习惯和尊重科学、实事求是的科学素养，提高学生综合分析问题和解决问题的能力，为后续实验课奠定坚实的基础。

本书主要内容分为两大部分：第一部分为基础知识和基本操作，共 4 章，分别介绍了实验室规则、安全守则和事故应急处理，化学试剂、实验室用水和“三废”处理，无机化学实验技能及操作规范，实验数据处理；第二部分为实验内容，共 4 章，分别为基本实验 8 个，综合、设计实验 12 个，元素化学实验 10 个，开放实验 10 个，读者可以根据需要选择使用。

本教材具有以下特点：

（1）教材结构安排合理。既有基本操作实验，又有综合设计实验；既注重知识掌握，又注重能力提升拓展。在每个基本实验和综合实验项目中增加该实验的“注意事项”，让学生更好、更快地掌握实验要领，减少失误。

（2）实验内容绿色低碳。本书特别强调实验安全教育，以增强学生的安全意识；特别注意强调实验试剂的低毒、低污染，以尽量降低实验废物对环境的污染，强化实验的环保理念；特别注意“三废”处理，部分实验产品为下一个实验所需的药品，既节约药品又减少污染。

（3）实验项目前沿、科学。本书特设开放实验项目，将本院老师的一些科研成果转化为教学内容，从而使实验内容具有一定的新颖性和前沿性。同时，选编了部分化学竞赛实验项目，使实验内容具有更强的综合性。

本书是泉州师范学院化工与材料学院长期从事实验教学工作的教师们共同努力的结果。导言、第一部分第一章、第二章和第四章由许妙琼编写，第一部分第三章由黄妙龄、许妙琼和李文杰编写，第二部分实验一～实验三十四、实验三十九、实验四十由黄妙龄编写，实验三十五～实验三十八由杨大鹏编写，附录由李文杰编写。教材经反复讨论后确定编写方案。全书由许妙琼、李文杰审核，最后由黄妙龄统稿。

在本书编写过程中，杨大鹏教授把自己的科研成果编写成开放实验项目奉献给本书，在此表示衷心的感谢！同时感谢泉州师范学院教务处对本书的编写给予立项支持！

限于编者水平，疏漏及不妥之处在所难免，敬请读者批评指正。

2020 年 3 月

目录

第二部分　实验内容

导 言

一、无机化学实验的重要意义

无机化学实验是无机化学课程的重要组成部分，是高等院校化学、化工、材料及相关专业开设的一门必修基础实验课。本课程的重要意义在于使学生了解元素及化合物的重要性质，熟悉主要无机物质的制备方法；加深对无机化学的基本原理和基础知识的理解，正确掌握化学实验的基本操作。通过无机化学实验既可培养学生独立工作和独立思考的能力，敏锐的观察力，以及归纳、综合、正确处理数据的能力，也可培养学生实事求是的科学态度和准确、细致、整洁的良好实验习惯以及科学的思维方法。另外，无机化学实验是学生接触的第一门化学类实验课程，其实践性很强。本课程的学习将为学生学好后续课程（分析化学、有机化学、物理化学和各类专业化学及实验等）及今后参加实际工作和开展科学研究打下良好的基础。

二、无机化学实验的目的和学习方法

在无机化学的学习中，实验占有极其重要的地位。无机化学实验作为一门独立设置的课程，其主要目的是：通过仔细观察实验现象、经历实验过程，使学生获得直观感受，进一步巩固、理解和扩展课堂中所学到的无机化学基础知识和基本理论，为理论联系实际提供具体的条件；使学生能够正确地使用无机化学实验中的各种常见仪器，熟练掌握基本的实验技能，学会测定实验数据并对实验数据进行正确的处理和评价；逐步培养科学、创新的思维方法，养成严谨、求实的工作作风和善于独立思考、综合分析和解决一般化学实际问题的能力，逐步掌握科学研究的方法，为后续课程的学习以及将来参加生产和科学研究打下良好的基础。

要达到上述目的，必须有端正的学习态度和正确的学习方法。无机化学实验的学习方法，大致可以从实验预习、实验过程和实验报告三个方面来掌握。

1. 实验预习

为了使实验能够获得良好的效果，实验前必须充分进行预习，并要求写出预习报告。预习包括：

（1）阅读实验教材和教科书中的有关内容，必要时应查阅有关资料。

（2）明确实验的目的和要求，透彻理解实验的基本原理。

（3）了解实验的内容及步骤、操作过程和实验时应当注意的事项。

（4）认真研究实验习题，并能从理论上加以解释。

（5）查阅有关教材、参考书、手册，获得该实验所需的有关化学反应方程式、物理化学常数等。

（6）了解实验中涉及的有关仪器的使用方法。

（7）通过自己对本实验的理解，简要地写好实验预习报告。

实验前未进行预习者不准进行实验。

2. 实验过程

根据实验教材上所规定的方法、步骤、试剂用量和实验操作规程来进行操作。实验中应该做到：

（1）认真操作、细心观察、如实记录、深入思考。对每一步操作的目的和作用，以及可能出现的问题进行认真的探究，并把观察到的现象如实、详细记录下来。实验数据应及时地记录在实验记录本上，不得涂改，不得记录在纸片上。

如果发现观察到的实验现象与理论不符合，先要尊重实验事实，然后加以分析，认真检查其原因，并细心地重做实验。必要时可做对照实验、空白实验或自行设计的实验来核对，直到得出正确的结论。

（2）实验中遇到疑难问题和异常现象而自己难以解释时，可请教实验指导老师。

（3）实验过程中要勤于思考，注意培养严谨的科学态度和实事求是的工作作风，决不能弄虚作假，随意修改数据。若定量实验失败或产生的误差较大，应努力寻找原因，并经实验指导老师同意后，方可重做实验。

（4）实验原始数据应交给指导老师审阅并签字。

（5）在实验过程中应严格遵守实验室工作规则。实验结束后，应清洗仪器，整理好仪器和药品，清理实验台面，清扫实验室，检查关闭水、电、气和门窗。

3. 实验报告

做完实验后，应解释实验现象并得出结论，完成思考题。实验报告中应按要求对实验数据进行正确的处理和评价，实验报告完成后应及时交指导老师批阅。

实验报告是实验的总结，应该写得简明扼要、图表规范、结论明确、字迹工整。

实验报告一般应包括：

（1）实验名称、实验日期。若有的实验是几人合作完成，应注明合作者。

（2）实验目的和实验原理。

（3）实验步骤。尽量用简图、表格、化学式、符号等表示。

（4）实验现象或数据记录。

（5）实验解释、实验结论或实验数据的处理和评价。根据实验现象进行分析、解释，得出正确的结论，写出反应方程式；或根据记录的数据进行处理，并将计算结果与理论值比较，分析产生误差的原因。

（6）实验讨论。对自己在本次实验中出现的问题进行认真的讨论，从中得出正确的结论，以便今后更好地完成实验。另外，还可以针对实验方案及有关问题提出自己的看法。现将几类实验报告的基本格式举例如下，供参考。

三、实验报告格式

1. 无机化学实验　测定实验报告格式

姓名：　　　　　　　　年级、专业：　　　　　　　　实验室：
实验日期：　　　　　　　　室温：　　　　　　　　气压：

实验名称

一、实验目的

二、实验原理（简述）

三、实验用品（包括仪器和试剂）

四、实验内容

五、数据记录和结果处理

六、问题和讨论（包括误差分析）

指导教师：____________________

2. 无机化学实验　制备实验报告格式

姓名：　　　　　　　　年级、专业：　　　　　　　　实验室：

实验日期：　　　　　　　　室温：　　　　　　　　气压：

实验名称

一、实验目的

二、实验原理（简述）

三、实验用品（包括仪器和试剂）

四、实验内容

五、实验结果

产品外观：

产量：

产率：

纯度：

六、问题和讨论（包括误差分析）

指导教师：____________________

3. 无机化学实验　性质实验报告格式

姓名：　　　　　　　　年级、专业：　　　　　　　　实验室：

实验日期：　　　　　　　　室温：　　　　　　　　气压：

实验名称

一、实验目的

二、实验用品（包括仪器和试剂）

三、实验内容

实验步骤	实验现象	解释和反应式

四、实验结论

五、问题和讨论

指导教师：________

第一部分　基础知识和基本操作

第一章 实验室规则、安全守则和事故应急处理

一、实验室规则

实验室规则是人们从长期的实验室工作中归纳总结出来的。它是保障实验人员正常从事实验、防止意外事故、做好实验的一个重要前提，每个人都必须严格遵守。

(1) 实验前一定要做好预习和实验准备工作，检查实验所需的药品、仪器是否齐全。如需做规定以外的实验，必须先经过教师允许。

(2) 实验时要集中精神，认真操作，仔细观察，积极思考，如实、详细地做好记录。

(3) 实验中必须保持肃静，不准大声喧哗，不得到处乱走。不得无故缺席，因故缺席而未做的实验应该补做。

(4) 爱护公共财物，小心使用仪器和实验室设备，注意节约水、电和煤气。每人应取用自己的仪器，不得动用他人的仪器；公用仪器和临时共用的仪器，用毕应洗净，并立即送回原处。如有损坏，必须及时登记补领并且按照规定赔偿。

(5) 加强环境保护意识，采取积极措施，减少有毒气体和废液对大气、水和周围环境的污染。

(6) 剧毒药品必须有严格的管理、使用制度，领用时要登记，用完后要回收或销毁，并把洒落过剧毒药品的桌子和地面擦净，洗净双手。

(7) 实验台上的仪器、药品应整齐地放在一定的位置并保持台面的清洁。每人准备一个

废品杯，实验中的废纸、火柴梗和碎玻璃等应随时放入废品杯中，待实验结束后，集中倒入垃圾箱。废液应倒入指定的废液缸，由实验中心统一处理。

（8）按规定的量取用药品，注意节约。称取药品后，及时盖好原瓶盖。放在指定地点的药品不得擅自拿走。

（9）使用精密仪器时，必须严格按照操作规程进行操作，细心谨慎，避免粗枝大叶而损坏仪器。如发现仪器有故障，应立即停止使用，报告教师，及时排除故障。精密仪器使用后要在登记本上记录使用情况，并经教师检查、认可。

（10）在使用煤气、天然气时要严防泄漏，火源要与其他物品保持一定的距离，用后要关闭煤气阀门。

（11）实验后，应将所用仪器洗净并整齐地放回实验柜内。实验柜内仪器应存放有序，清洁整齐。实验台和试剂架必须揩净，最后关闭水、电和煤气开关。

（12）每次实验后由学生轮流值勤，负责打扫和整理实验室，并检查水龙头、煤气开关、门、窗是否关紧，电闸是否拉掉，以保持实验室的整洁和安全。教师检查合格后方可离开。

（13）如果发生意外事故，应保持镇静，不要惊慌失措；遇有烧伤、烫伤、割伤时应立即报告教师，及时救治。

二、实验室安全守则

进行化学实验时，要严格遵守关于水、电、煤气和各种仪器、药品的使用规定。化学药品中，很多是易燃、易爆、有腐蚀性和有毒的。因此，重视安全操作，熟悉一般的安全知识是非常必要的。发生安全事故不仅损害个人的健康，还会危及周围的人，并使公共财产遭受损失，影响工作的正常进行。因此，首先需要从思想上重视实验安全工作，决不能麻痹大意。其次，在实验前应了解仪器的性能和药品的性质以及本实验中的安全注意事项。在实验过程中，应集中注意力，严格遵守实验安全守则，以防意外事故的发生。再次，要学会一般救护措施。一旦发生意外事故，可及时进行处理。最后，对于实验室的废液，也要知道相应的处理方法，以保证实验室环境不受污染。

（1）为了防止损坏衣物、伤害身体，做实验时必须穿长款实验服，不许穿拖鞋进实验室。梳长发的同学要将头发挽起，以免受到伤害。

（2）不要用湿的手、物接触电源。水、电、煤气一经使用完毕，就立即关闭水龙头、煤气开关，拉掉电闸。点燃的火柴用后立即熄灭，不得乱扔。

（3）严禁在实验室内饮食、吸烟或把食具带进实验室。实验完毕，必须洗净双手。

（4）绝对不允许随意混合各种化学药品，以免发生意外事故。

（5）金属钾、钠和白磷等曝露在空气中易燃烧，所以金属钾、钠应保存在煤油中；白磷则可保存在水中，取用时要用镊子。一些有机溶剂（如乙醚、乙醇、丙酮、苯等）极易引燃，使用时必须远离明火、热源，用毕立即盖紧瓶塞。

（6）含氧气的氢气遇火易爆炸，操作时必须严禁接近明火。在点燃氢气前，必须先检查并确保纯度符合要求。银氨溶液不能留存，因久置后会变成氮化银，也易爆炸。某些强氧化剂（如氯酸钾、硝酸钾、高锰酸钾等）或其混合物不能研磨，否则将引起爆炸。

(7) 应配备必要的护目镜。倾注药剂或加热液体时，容易溅出，不要俯视容器。尤其是浓酸、浓碱具有强腐蚀性，切勿使其溅在皮肤或衣服上，眼睛更应注意防护。稀释酸、碱时(特别是浓硫酸)，应将它们慢慢倒入水中，而不能反向进行，以避免迸溅。加热试管时，切记不要使试管口指向人。实验时不要揉眼睛，以免将化学试剂揉入眼中。

(8) 不要俯向容器去嗅气味。面部应远离容器，用手把逸出容器的气体慢慢地扇向自己的鼻孔。能产生有刺激性或有毒气体（如 H_2S、HF、$COCl_2$、NO_2、SO_2、Br_2 等）的实验必须在通风橱内进行。

(9) 有毒药品（如重铬酸钾、钡盐、铅盐、砷的化合物、汞的化合物，特别是氰化物）不得入口或接触伤口。剩余的废液也不能随便倒入下水道，应倒入废液缸或教师指定的容器里。

(10) 金属汞易挥发，并可以通过呼吸道进入人体内，逐渐积累会引起慢性中毒。所以做金属汞的实验应特别小心，不得把金属汞洒落在桌上或地上。一旦洒落，必须尽可能收集起来，并用硫黄粉盖在洒落的地方，使金属汞转变成不挥发的硫化汞。

(11) 实验室所有药品不得携出室外。用剩的有毒药品必须全部交还给教师。

三、实验室事故应急处理

(1) 创伤。伤处不能用手抚摸，也不能用水洗涤。若是玻璃创伤，应先把碎玻璃从伤处挑出。轻伤可涂以紫药水（或红汞、碘酒），必要时撒些消炎粉或敷些消炎膏，用绷带包扎。伤口较小时，也可用创口贴敷盖伤口。

(2) 烫伤。伤处皮肤未破时，可涂擦饱和碳酸氢钠溶液或用碳酸氢钠粉调成糊状敷于伤处，也可抹獾油或烫伤膏；如果伤处皮肤已破，可涂些紫药水或1%高锰酸钾溶液。

(3) 受酸腐蚀致伤。先用大量水冲洗，再用饱和碳酸氢钠溶液（或稀氨水、肥皂水）洗，最后再用水冲洗。如果酸液溅入眼内，用大量水冲洗后，送医院就治。

(4) 受碱腐蚀致伤。先用大量水冲洗，再用2%醋酸溶液或饱和硼酸溶液洗，最后用水冲洗。如果碱液溅入眼中，用大量水冲洗后，送医院就治。

(5) 受溴腐蚀致伤。用苯或甘油清洗伤口，再用水洗。

(6) 受磷灼伤。用1%硝酸银，5%硫酸铜或浓高锰酸钾溶液洗伤口，然后包扎。

(7) 吸入刺激性或有毒气体。吸入氯气、氯化氢气体时，可吸入少量酒精和乙醚的混合蒸气解毒。吸入硫化氢或一氧化碳气体感到不适时，应立即到室外呼吸新鲜空气。应注意氯气、溴中毒不可进行人工呼吸，一氧化碳中毒不可施用兴奋剂。

(8) 毒物进入口内。将5～10mL稀硫酸铜溶液加入一杯温水中，内服后，用手指伸入咽喉部，促使呕吐，吐出毒物，然后立即送医院。

(9) 触电。首先切断电源，然后在必要时进行人工呼吸。

(10) 起火。若不慎起火，要立即灭火并防止火势蔓延（如采取切断电源、移走易燃药品等措施）。灭火要针对起火原因选用合适的灭火方法和灭火器（表1-1)。一般的小火可用湿布、石棉布或沙子覆盖燃烧物，即可灭火。火势大时可使用泡沫灭火器。但电器设备所引起的火灾，只能使用二氧化碳或四氯化碳灭火器灭火，不能使用泡沫灭火器，以免触电。实验人员衣服着火时，切勿惊慌乱跑，赶快脱下衣服，或用石棉布覆盖着火处。

表 1-1 常用的灭火器及其适用范围

灭火器类型	药液成分	适用范围
酸碱式灭火器	H_2SO_4、$NaHCO_3$	非油类、非电器的一般火灾
泡沫灭火器	$Al_2(SO_4)_3$、$NaHCO_3$	油类起火
二氧化碳灭火器	液态 CO_2	电器、精密仪器、小范围油类和忌水的化学品起火
干粉灭火器	$NaHCO_3$ 等盐类，润滑剂，防潮剂	油类、可燃性气体、电器设备、图书文件和遇水易燃烧药品的初起火灾
1211 灭火器	CF_2ClBr 液化气体	特别适用于油类、有机溶剂、精密仪器、高压电气设备起火

(11) 伤势较重者，应立即送医院。

附：1. 实验室急救药箱

为了对实验室内意外事故进行紧急处理，应该在每个实验室内准备一个急救药箱。药箱内可准备下列药品：

红药水	碘酒(3%)
獾油或烫伤膏	碳酸氢钠溶液(饱和)
饱和硼酸溶液	醋酸溶液(2%)
氨水(5%)	硫酸铜溶液(5%)
高锰酸钾晶体	氯化铁溶液(止血剂)(需要时再制成溶液)
甘油	消炎粉

另外，消毒纱布、消毒棉（均放在玻璃瓶内，磨口塞紧）、剪刀、棉签、创口贴等，也是不可缺少的。

2. 紧急喷淋器和洗眼器

紧急喷淋器和洗眼器设备是在有毒有害危险作业环境下使用的应急救援设施。该设施对眼睛、面部和身体进行初步处理，不能取代基本防护用品，如防护眼镜、防飞溅面罩、防护手套、防化服等，也不能取代必要的安全处置程序，更不能取代医学治疗，进一步的处理和治疗需要遵从医生的指导。

(1) 洗眼器的使用方法：

① 将脸部凑近洗眼器。

② 打开水阀，用手撑住眼睑，对准水流持续、彻底冲洗。

③ 如果受伤的人员已不能冲洗眼睛，将其平放在地，抬起头并侧向一边。

④ 冲洗至少 15min，必要时送医院检查处理。

(2) 紧急喷淋器的使用方法：

① 直接站到紧急喷淋器的下方，将水阀打开。

② 冲洗至少 15min。喷淋时将被污染的衣物脱去，以免皮肤受到刺激。

③ 保证身体所有受污染的部位彻底冲洗干净。

④ 冲洗完毕后，不得再穿受污染的衣物。尽快擦干身体，注意保暖。

⑤ 必要时送医院检查处理。

第二章 化学试剂、实验室用水和"三废"处理

一、化学试剂的分类

化学试剂是用以研究其他物质组成、性状及其质量优劣的纯度较高的化学物质。化学试剂的纯度级别、类别和性质，一般在标签的左上方用符号注明，规格则在标签的右端，并用不同颜色的标签加以区别。

按照药品中杂质含量的多少，我国生产的化学试剂（通用试剂）的等级标准基本上可分为优级纯、分析纯、化学纯、实验试剂和其他，级别的代表符号、规格标志如表 2-1 所示。

表 2-1 我国生产的化学试剂的等级标准

级别	一级品	二级品	三级品	四级品	其他
名称	保证试剂(优级纯)	分析试剂(分析纯)	化学纯	实验试剂	生物试剂
英文名称	guarantee reagent	analytical reagent	chemical pure	laboratory reagent	biological reagent
英文缩写	GR	AR	CP	LR	BR
瓶签颜色	深绿	金光红	蓝	棕或黄	黄或其他颜色

应根据实验的不同要求选用不同级别的试剂。在一般无机化学实验中，化学纯级别的试剂就能符合实验要求。但在有些实验中要使用分析纯级别的试剂。随着科学技术的发展，对化学试剂的纯度要求也愈加严格，愈加专门化，因而出现了具有特殊用途的专门试剂。如高纯试剂 CCS；色谱纯试剂 GC、GLC；生化试剂 CR、EBP 等。此外，在工业生产中，还有大量的化学工业品以及可供食用的食品级试剂等。

化学试剂根据其性质也可分为一般试剂和化学危险品。根据《中华人民共和国消防法》、国务院《化学危险品安全管理条例》和国家标准《危险货物分类和品名编号》（GB 6944—2012）、《危险货物品名表》（GB 12268—2012）、《化学品分类和危险 公示通则》（GB 13690—2009）的规定，化学危险品系指爆炸品、压缩气体、易燃液体、易燃固体、自燃物品和遇湿易燃物品、氧化剂和有机过氧化物、毒害品和腐蚀品等其他带有危险性的物品。

1. 化学危险品的分类

（1）爆炸品：如三硝基甲苯（TNT）、二硝基重氮酚、叠氮化铅、硝化甘油、硝化纤维、苦味酸、雷汞等。

（2）压缩气体和液化气体：如氯气、光气、一氧化碳、氢气、乙炔等。

(3) 易燃液体：如汽油、丙酮、乙醚、苯、甲苯、乙醇、醋酸乙酯、乙醛、氯乙烷、二硫化碳等（甲类液体：闪点<28℃；乙类液体：闪点 28～60℃；丙类液体：闪点≥60℃）。

(4) 易燃固体：如红磷、黄磷、钠、电石、硝化棉、樟脑、硫黄、镁粉、锌粉、铝粉等。

(5) 自燃物品和遇湿易燃物品：如白磷、黄磷、活泼金属、保险粉等。

(6) 氧化剂：如过氧化钠、亚硝酸钾、苯甲酰、过氧化钡、过硫酸盐、硝酸盐、高锰酸盐、重铬酸盐、氯酸盐等。

(7) 毒害品：如氰化钾（钠）、三氧化二砷、硫化砷、升汞及其他汞盐、汞、白磷和卤化烃等。

(8) 腐蚀品：如浓酸（包括有机酸中的甲酸、醋酸等）、固态强碱或浓碱溶液、液溴、苯酚、有机碱金属化合物、次氯酸钠等。

另外，放射性物品及麻醉药品等也属于危险品之列。

2. 易燃、易爆、剧毒、麻醉、放射等化学危险品的存放与领用注意事项

(1) 易燃、易爆、剧毒、麻醉、放射等危险品必须存放在条件完备的专用仓库、专用场地或专用储存室（柜）内，应当符合有关安全规定，并根据物品的种类、性质，设置相应的通风、防爆、泄压、防火、防雷、报警、灭火、防晒、调湿、消除静电、防护围堤等安全设施，并设专人管理。

(2) 易燃、易爆、剧毒、麻醉、放射等危险品应当分类分项存放，堆垛之间的主要通道应达到规定的安全距离，不得超量储存。

(3) 遇火、遇潮容易燃烧、爆炸或产生有毒气体的化学危险品，不得在露天、潮湿、漏雨和低洼容易积水的地点存放。

(4) 受阳光照射容易燃烧、爆炸或产生有毒气体的化学危险品和桶装、罐装等易燃液体、气体应当在阴凉通风地点存放。

(5) 化学性质不稳定或与防火、灭火方法相互抵触的化学危险品，不得在同一仓库或同一储存室存放。

(6) 对爆炸物品、剧毒药品的贮存，要设有专柜。要严格遵守“双人保管、双人收发、双人使用、双人运输、双把锁”的“五双”制度。

(7) 对于剧毒化学试剂、药品，各单位、各实验室的使用应根据具体需求，精确地计算用量，必须是一日一次的用量，严禁存放在实验室。领用时应填写“爆炸品、剧毒品申请单”，详细注明品名、规格、数量和用途说明，并经单位负责人审核签字、盖章，必须双人领用（其中一人是经各单位书面批准的指定管理人）。使用化学危险品过程中的废液、废渣、粉尘应回收综合利用。必须排放的，应经过净化处理，其有害物质浓度不得超过国家和环保部门的排放标准。剧毒物品销毁处理必须经实验室与设备管理处、保卫处批准，采取严密措施，并须征得环保等有关部门同意后，方可进行，否则应交回库房保存。

(8) 麻醉药品包括：阿片类、可卡因类、大麻类、合成麻醉药类及卫生部指定的其他易成瘾的药品、药用原植物及其制剂。麻醉药品的供应必须根据医疗、教学和科研的需要，有计划地进行。其保管工作必须指定专人保管。储存、领取、使用、归还麻醉药品时必须先登记、检查，做到账、物、卡相符。

(9) 放射性物品的储存、使用场所必须设置防护设施。其入口处必须设置放射性标志和必要的防护安全联锁、报警装置或者工作信号。放射性物品不得与易燃、易爆、腐蚀性的物品放在一起，其储存场所必须有防火、防盗、防泄漏的安全防护措施，并指定专人保管。储存、领取、使用、归还放射性物品时必须先登记、检查，做到账物相符。

(10) 对易燃、易爆、剧毒、麻醉、放射等危险品库房的管理人员，要严格遵守出入库管理制度，审批手续必须完备才能予以发放，双人双锁管理，精确计量和记载，严加保管。

(11) 压缩气体（剧毒、易燃、易爆、腐蚀、助燃）钢瓶要存放在安全地方（加锁铁柜或单独房间内），不可靠近热源。可燃、助燃气瓶使用时与明火的距离不得小于10米。化学性质相抵触能引起燃烧、爆炸的气瓶要分开存放。不得使用过期未经检验的气瓶。各种气瓶必须按期进行技术检验：盛装腐蚀性气体的气瓶，每2年检验一次；盛装一般气体的气瓶，每3年检验一次；盛装惰性气体的气瓶，每5年检验一次；气瓶在使用过程中，发现有严重腐蚀或损伤时，应提前进行检验；气瓶内气体不能用尽，必须留有剩余压力或重量，永久气体气瓶的剩余压力应不小于0.05MPa；液化气体气瓶应留有不少于0.5%～1.0%规定充装量的剩余气体；气瓶的瓶帽要保存好，充气时要戴好，以免在运输装卸过程中撞坏阀门，造成事故。

(12) 易燃、易爆、剧毒、麻醉、放射等危险品入库前，必须进行检查登记，入库后应当定期检查。仓库内严禁吸烟和使用明火，并应根据消防条例配备消防力量、消防设施以及通信、报警等必要装置。

二、无机化学实验室用水

我国已建立实验室用水的国家标准（GB 6682—2008），规定实验室用水的技术指标（表2-2）、制备方法及检验方法。

表2-2 实验室用水的级别及主要指标

指标名称	一级	二级	三级
pH范围(25℃)	—	—	5.0～7.5
电导率(25℃)/(mS/m)	≤0.01	≤0.10	≤0.50
可氧化物质含量(以O计)/(mg/L)	—	≤0.08	≤0.4
吸光度(254nm,1cm光程)	≤0.001	≤0.01	—
蒸发残渣[(105±2)℃]/(mg/L)	—	≤1.0	≤2.0
可溶性硅(以 SiO_2 计)/(mg/L)	≤0.01	≤0.02	—

有些实验室对水有特殊的要求，可根据需要检验有关项目，如氧、铁、氨含量等。实验室常用的蒸馏水、去离子水和电导水，在298 K时的电导率分别为1mS/m、0.1mS/m、0.1mS/m，与三级水的指标相近。实验室用水的制备方法分为如下几种。

1. 蒸馏水

将自来水在蒸馏装置中加热汽化，再将蒸汽冷却，得到蒸馏水。能除去水中的非挥发性杂质，比较纯净，但不能完全除去水中溶解的气体杂质。此外，一般蒸馏装置所用材料是不锈钢、纯铝或玻璃，所以可能会带入金属离子。

2. 去离子水

指将自来水依次通过阳离子树脂交换柱、阴离子树脂交换柱和阴、阳离子树脂混合交换柱后所得的水。离子树脂交换柱除去离子的效果好，因此称为去离子水，其纯度比蒸馏水高。但不能除去非离子型杂质，常含有微量的有机物，是现在实验室的常用水。

3. 电导水

在第一套蒸馏器（最好是石英制的，其次是硬质玻璃制的）中装入蒸馏水，加入少量高锰酸钾固体，经蒸馏除去水中的有机物，得重蒸馏水。再将重蒸馏水注入第二套蒸馏器中（最好也是石英制的），加入少许硫酸钡和硫酸氢钾固体，进行蒸馏。弃去馏头、馏后各10mL，收集中间馏分。电导水应收集保存在带有碱石灰吸收管的硬质玻璃瓶内，时间不能太长，一般在两周以内。

4. 三级水

采用蒸馏或离子交换制备。

5. 二级水

将三级水再次蒸馏后制得，可能含有微量的无机杂质、有机杂质或胶态杂质。

6. 一级水

将二级水经进一步处理后制得。如将二级水用石英蒸馏器再次蒸馏，基本上不含有溶解或胶态离子杂质及有机物。

三、实验室“三废”的处理

随着科技、教育的发展，实验室规模的扩大和使用频次的增多，实验室污染物排放对环境的破坏日益引起人们的关注。为保障教学、科研等活动顺利进行，保护人员健康、仪器设备完好，保护自然环境和实验室环境不受污染，有必要了解一些有关实验室“三废”（废气、废液、废渣）的处理方法。

废气、废液和废渣要经过一定的处理。在人口集中的城市和有条件的情况下，经过处理或浓缩的废弃物要分类存放在贴有标签的固定容器中，定期交给专门处理废弃化学药品的专业公司，按照国家规定处理。在不具备专业公司处理的条件下，少量废弃物也必须在远离水源和人口聚集的区域深埋，不允许随意丢弃或掩埋。

产生少量有毒气体的实验应在通风橱内进行。通过排风设备将少量毒气排到室外，使排出气在外面大量空气中稀释，以免污染室内空气。产生毒气量大的实验必须备有吸收或处理装置。如二氧化氮、二氧化硫、氯气、硫化氢、氟化氢等可用导管通入碱液中，使其大部分被吸收后排出；一氧化碳可点燃转变成二氧化碳。少量有毒的废渣可埋于地下（应有固定地点）。下面主要介绍一些常见废液的处理方法。

1. 废酸液

无机化学实验中通常大量的废液是废酸液。废酸缸中废酸液可先用耐酸塑料纱网或玻璃纤维过滤，滤液加碱中和，调节 pH 至 6～8 后排出。少量滤渣集中分类存放，统一处理。

2. 废铬酸洗液

废铬酸洗液可以用高锰酸钾氧化法使其再生，重复使用。氧化方法：先在 110～130℃下将其不断搅拌、加热、浓缩，除去水分后，冷却至室温，缓缓加入高锰酸钾粉末（每1000mL 洗液加入 10g 左右高锰酸钾粉末），边加边搅拌，直至溶液呈深褐色或微紫色，不要过量。然后直接加热至有三氧化硫出现，停止加热。稍冷，通过玻璃砂芯漏斗过滤，除去沉淀；冷却后析出红色三氧化铬沉淀，再加适量硫酸使其溶解即可使用。少量的废铬酸洗液可加入废碱液或石灰使其生成氢氧化铬（Ⅲ）沉淀，集中分类存放，统一处理。

3．含氰废液

氰化物是剧毒物质，含氰废液必须认真处理。对于少量的含氰废液，可先加氢氧化钠调至 pH＞10，再加入几克高锰酸钾使 CN^- 氧化分解。大量的含氰废液可用碱性氯化法处理。先用碱将废液调至 pH＞10，再加入漂白粉，使 CN^- 氧化成氰酸盐，并进一步分解为二氧化碳和氮气。

4．含汞盐废液

含汞盐废液应先调节 pH 至 8～10，然后加适当过量的硫化钠生成硫化汞沉淀，并加硫酸亚铁生成硫化亚铁沉淀，从而吸附硫化汞共沉淀。静置后再离心、过滤、分离。清液中的汞含量降到 0.02mg/L 以下可排放。少量残渣要集中分类存放，统一处理。大量残渣可用焙烧法回收汞，但要注意一定要在通风橱内进行。

5．含重金属离子废液

含重金属离子废液，最有效和最经济的处理方法是加碱或加硫化钠把重金属离子变成难溶性的氢氧化物或硫化物沉积下来，然后过滤分离，少量残渣要集中分类存放，统一处理。

第三章
无机化学实验技能及操作规范

一、玻璃仪器的洗涤与干燥

1. 玻璃仪器的洗涤

无机化学实验仪器多数是玻璃制品。要想得到准确的实验结果，所用的仪器必须干净，这就需要洗涤。

玻璃仪器的洗涤方法很多，应根据实验的要求、污物的性质及沾污的程度来选择。一般说来，附着在仪器上的污物，既有可溶性的物质，也有尘土及其他难溶性的物质，还可能有油污等有机物质。洗涤时应根据污物的性质和种类，采取不同的方法，具体如下：

（1）水洗：借助于毛刷等工具用水洗涤，既可使可溶物溶去，又可使附着在仪器壁面上不牢的灰尘及难溶物脱落下来，但洗不掉油污等有机物质。

对试管、烧杯、量筒等普通玻璃仪器，可先在容器内注入 1/3 左右的自来水，选用大小合适的毛刷蘸去污粉刷洗，再用自来水冲洗。容器内外壁能被水均匀润湿而不黏附水珠，证明洗涤干净。如有水珠，表明内壁或外壁仍有污物，应重新洗涤，必要时用蒸馏水或去离子水冲洗 2～3 次。

使用毛刷洗涤试管、烧杯或其他薄壁玻璃容器时，毛刷顶端必须有竖毛，没有竖毛的不能用。洗试管时，将刷子顶端毛顺着伸入试管，一手捏住试管，另一手捏住毛刷，把蘸去污粉的毛刷来回刷或在管内壁旋转刷，注意不要用力过猛，以免铁丝刺穿试管底部。洗时应一支一支地洗，不要同时抓住几支试管一起洗。

（2）洗涤剂洗：常用的洗涤剂有去污粉、肥皂和合成洗涤剂。在用洗涤剂之前，先用自来水洗，然后用毛刷蘸少许去污粉、肥皂或合成洗涤剂在润湿的仪器内外壁上刷洗，最后用自来水冲洗干净，必要时用去离子水或蒸馏水润冲。

（3）洗液洗：洗液是重铬酸钾在浓硫酸中的饱和溶液（50g 粗重铬酸钾加到 1L 浓硫酸中加热溶解而得）。洗液具有很强的氧化能力，能洗去油污及有机物。使用时应注意以下几点：

① 使用前最好先用水或去污粉将仪器预洗一下。

② 使用洗液前，应尽量把容器内的水去掉，以防把洗液稀释。

③ 洗液具有很强的腐蚀性，会损坏衣服和灼伤皮肤，使用时要特别小心，尤其不要溅到眼睛内。使用时最好戴橡胶手套和防护眼镜，万一不慎溅到衣服或皮肤上，要立即用大量水冲洗。

④ 洗液为深棕色，未变色的洗液倒回原瓶可继续使用。某些还原性污物能使洗液中Cr(Ⅵ) 还原为绿色的 Cr(Ⅲ)，已变成绿色的洗液就不能使用了。用洗液洗后的仪器还要用水冲洗干净。

⑤ 用洗液洗涤仪器应遵守少量多次的原则，这样既节约，又可提高洗涤效率。

（4）特殊物质的去除：

① 由铁盐引起的黄色可用盐酸或硝酸洗去。

② 由锰盐、铅盐或铁盐引起的污物，可用浓盐酸洗去。

③ 由金属硫化物沾污的颜色可用硝酸（必要时可加热）除去。

④ 容器壁沾有硫黄可用氢氧化钠溶液一起加热，或加入少量苯胺加热，或用浓硝酸加热溶解。

对于比较精密的仪器如容量瓶、移液管、滴定管，不宜用碱液、去污粉洗，也不能用毛刷洗。上述处理后的仪器，均需用水冲洗干净。

2. 洗净的标准

凡洗净的仪器，应该是清洁透明的。当把仪器倒置时，器壁上只留下一层既薄又均匀的水膜，器壁不应挂水珠（图 3-1）。凡是已经洗净的仪器，不要用布或软纸擦干，以免布或纸上的少量纤维留在器壁上反而沾污仪器。

(a) 洗净：水均匀分布(不挂水珠)

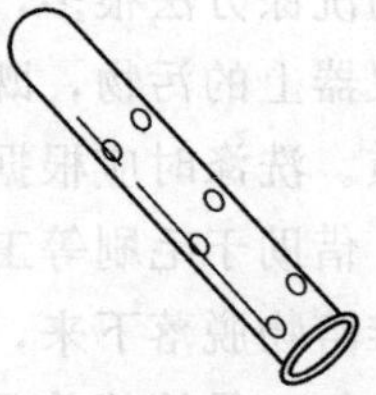

(b) 未洗净：器壁附着水珠(挂水珠)

图 3-1 玻璃仪器洗净的标准

3. 玻璃仪器的干燥

有一些无水条件的无机化学实验和有机化学实验必须在干净、干燥的仪器中进行。常用的干燥方法有如下几种（图 3-2）。

（1）晾干：不急用的仪器，洗净后倒置于仪器架上，自然晾干，不能倒置的仪器可将水倒净后任其干燥。

（2）烘干：洗净后仪器可放在电烘箱内烘干，温度控制在 105～110℃。仪器在放进烘箱之前，应尽可能把水甩净，放置时应使仪器口向上，木塞和橡胶塞不能与仪器一起干燥，玻璃塞应从仪器上取下，放在仪器的一旁，这样可防止仪器干燥后卡住拿不下来。

（3）烤干：急用的仪器可置于石棉网上用小火烤干。试管可直接用火烤，但必须使试管口稍微向下倾斜，以防水珠倒流，引起试管炸裂。

（4）吹干：用热或冷的空气流将玻璃仪器吹干，所用仪器是电吹风机或玻璃仪器气流干燥器。用吹风机吹干时，一般先用热风吹玻璃仪器的内壁，待干后再吹冷风使其冷却。如果先用易挥发的溶剂如乙醇、乙醚、丙酮等淋洗仪器，应将淋洗液倒净，然后用吹风机按冷风—热风—冷风的顺序吹，则会干得更快。

（5）有机溶剂干燥：带有刻度的仪器，既不易晾干或吹干，又不能用加热方法干燥，但可用与水相溶的有机溶剂（如乙醇、丙酮等）干燥。方法是往仪器内倒入少量酒精或

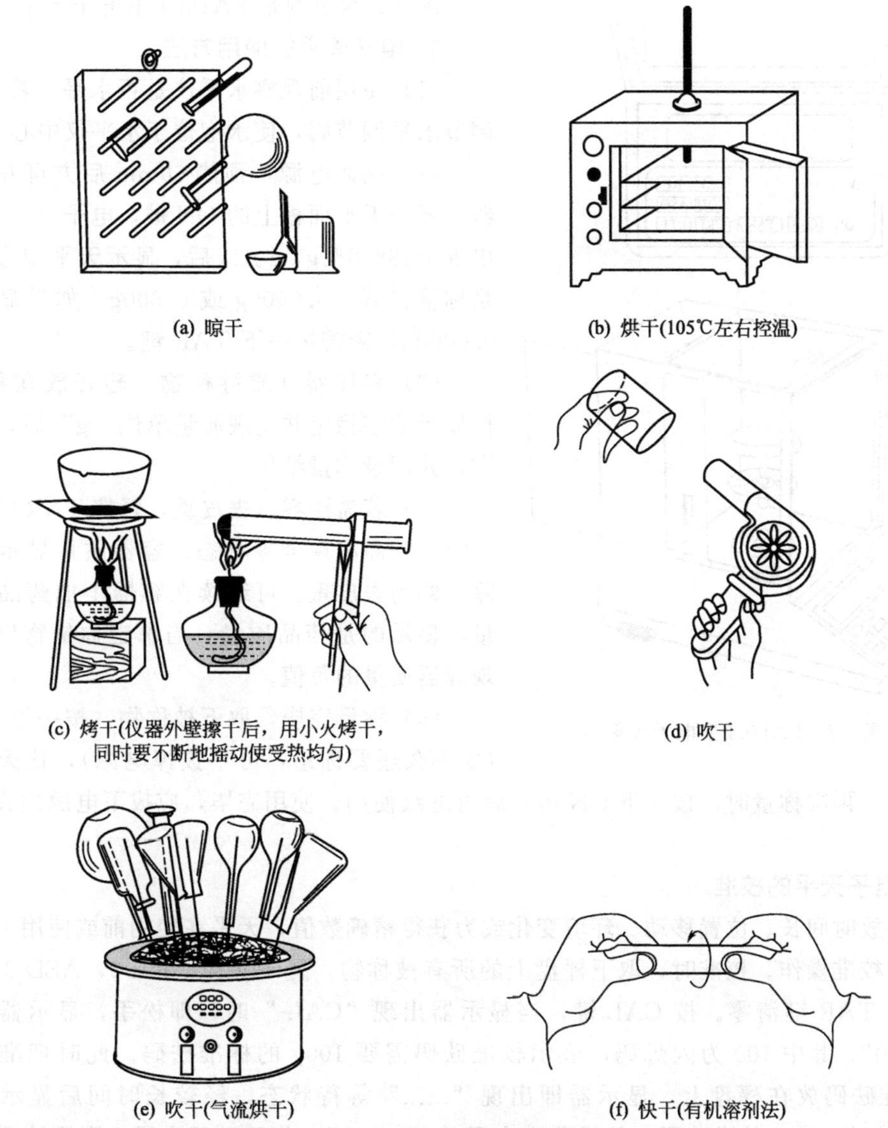

(a) 晾干

(b) 烘干(105℃左右控温)

(c) 烤干(仪器外壁擦干后，用小火烤干，同时要不断地摇动使受热均匀)

(d) 吹干

(e) 吹干(气流烘干)

(f) 快干(有机溶剂法)

图 3-2 仪器的干燥

酒精与丙酮的混合溶液（体积比 1∶1），将仪器倾斜、转动，使水与有机溶剂混溶，然后倒出混合液，尽量倒干，再将仪器口向上，任有机溶剂挥发或向仪器内吹入冷空气使挥发快些。

二、电子天平的使用方法和称量方法

电子天平即电磁力式天平使用方法简便，称量快捷，已经逐渐进入化学实验室供学生使用。目前使用的主要有顶部承载式和底部承载式电子天平。顶部承载式电子天平是利用电子装置完成电磁力补偿的调节，使物体在重力场中实现力的平衡，或通过电磁力矩的调节使物体在重力场中实现力矩的平衡。

电子天平的结构设计一直在不断改进和提高，向着功能多、平衡快、体积小、质量轻和操作简便的趋势发展，但基本结构和称量原理变化不大。

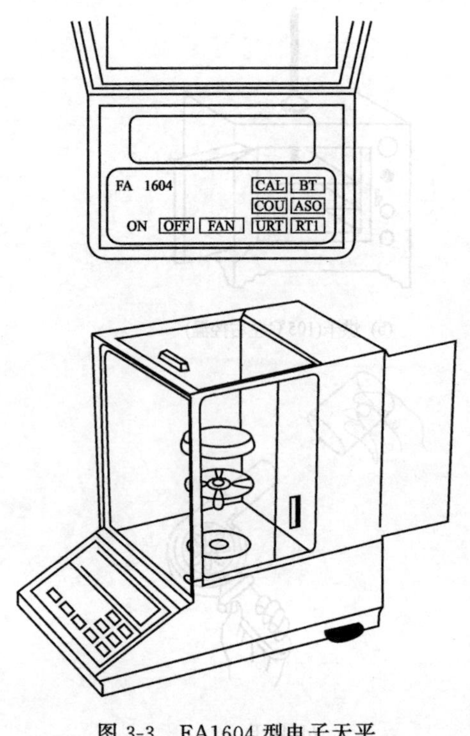

图 3-3 FA1604 型电子天平

图 3-3 给出的是 FA1604 型电子天平。

1. 电子天平的使用方法

(1) 使用前观察水平仪是否水平。若不水平，调节水平调节脚，使水泡位于水平仪中心。

(2) 接通电源，预热 60min 后方可开启显示器。轻按天平面板上的 ON 键，电子显示屏全亮，出现±88888%g，约 2s 后，显示天平型号。然后是称量模式：0.0000g 或 0.000g，如果显示不是 0.0000g，则需按一下 TAR 键。

(3) 将容器（或待称物）轻轻放在秤盘上，待显示数字稳定并出现质量单位“g”后，即可读数，并记录称量结果。

(4) 若需清零、去皮重，轻按 TAR 键，显示消隐，随即出现全零状态。容器质量显示值已消除，即为去皮重。可继续在容器中加药品进行称量，显示的是药品质量。当拿走称量物后，就出现容器质量的负值。

(5) 称量完毕，取下被称物，按一下 OFF 键（如不久还要称量，可不拔掉电源），让天平处于待命状态。再次称量时，按一下 ON 键，就可继续使用。使用完毕，应拔下电源插头，盖上防尘罩。

2. 电子天平的校准

因存放时间长、位置移动、环境变化或为获得精确数值，天平在使用前或使用一段时间后应进行校准操作。校准时，取下秤盘上的所有被称物，置 rng-30，INI-3，ASD-2，Ery-g 模式轻按 TAR 键清零。按 CAL 键，当显示器出现“CAL-”时，即松手，显示器就出现“CAL-100”，其中 100 为闪烁码，表示校准砝码需要 100g 的标准砝码。此时把准备好的 100g 标准砝码放在秤盘上，显示器即出现“……”等待状态，经较长时间后显示器出现“100.0000g”。拿走校准砝码，显示器应出现“0.0000g”。若显示不为零，则再清零，再重复以上校准操作。（注意：为了得到准确的校准结果，最好反复以上校准操作两次。）

3. 使用天平的注意事项与天平的维护

(1) 天平室应避免阳光照射，保持干燥，防止腐蚀性气体的侵袭。天平应放在牢固的台上避免震动。

(2) 天平箱内应保持清洁，要定期放置和更换吸湿变色干燥剂（硅胶）以保持干燥。

(3) 称量物体不得超过天平的载荷。

(4) 称量的样品，必须放在适当的容器中，不得直接放在天平盘上。不得在天平上称量热的或散发腐蚀性气体的物质。

(5) 称量读数时必须关好天平侧门。

(6) 称量读数必须记在记录本中，不得记在其他地方。

(7) 如果发现天平不正常，应及时报告辅导教师或实验工作人员，不要自行处理。

(8) 称量完毕，应及时将天平复原，关好天平门，切断电源，盖上天平罩。并检查天平周围是否清洁，最后在天平使用登记本上填写使用情况。

4. 称量方法

(1) 直接（称量）法：天平调定零点后，将被称物直接放在天平盘上，所得读数即为被称物的质量。这种方法适用于称量洁净干燥的器皿、棒状或块状及其他整块的不易潮解或升华的固体样品。注意，不得用手直接取被称物，可以采用布手套、垫纸条、镊子或钳子夹取等适宜方法。

(2) 差减法（减量法）：取适量待称样品置于一干燥洁净的容器（称量瓶、称量纸、小滴瓶等）中，在天平上准确称量后，取出欲称量的样品置于实验容器中，再次准确称量，两次称量读数之差，即为所称量样品的质量。如此重复操作，可连续称若干份样品。这种方法适用于一般的粒状、粉状试剂或试样及液体试样。

称量瓶的使用方法：称量瓶是差减法称量粉末状、颗粒状样品最常用的容器，用前要洗净烘干，用时不可直接用手拿，而应用纸条套住瓶身中部，用手捏紧纸条进行操作（图 3-4），以防手的温度高或手汗沾污等影响称量准确度。具体方法如下：

① 将称量瓶放入天平盘，准确称量称量瓶加试样的质量，记为 m_1（g）。

② 取下称量瓶，如图 3-5 所示，放在容器上方打开瓶盖，将称量瓶倾斜，用称量瓶盖轻敲瓶口上部，使试样慢慢落入容器中。当倾出的试样已接近所需质量时，慢慢地将瓶竖起，再用瓶盖轻敲瓶口上部，使粘在瓶口的试样落入瓶中。然后盖好瓶盖（上述操作均应在容器上方进行，防止试样洒落到其他地方，造成误差），将称量瓶再放回天平盘，称得质量，记为 m_2（g）。如此继续进行，可称取多份试样。第一份试样的质量为 m_1-m_2，依此类推。

图 3-4 用纸条拿称量瓶

图 3-5 从称量瓶敲出试样的操作

应该注意的是，如果一次倾出的试样未达到所需要的质量范围时，可按上述操作继续倾出。但如果超出所需的质量范围时，不准将倾出的试样再倒回称量瓶中。此时只有弃去倾出的试样，洗净容器重新称量。

另一种操作方法：

① 将装有试样的称量瓶放入天平盘，按 TAR 键去皮，屏幕显示数值为“0.0000g”。

② 后面的操作与上述相同，只是屏幕显示的数值为负数，其绝对值等于已倾出的试样的质量。

(3) 固定质量称量法（增量法）：用基准物直接配制标准溶液，有时需要配成固定浓度值的溶液。这就要求所称基准物的质量必须固定。例如：配制 0.01500mol/L $K_2Cr_2O_7$ 标准溶液 500mL，$K_2Cr_2O_7$ 必须称取 2.2064g。

称量步骤如下：

① 先准确称取一洁净的小烧杯，假设质量为 24.2387g。

② 打开天平侧门，用药勺加 $K_2Cr_2O_7$ 于小烧杯中，当天平读数小于但接近 26.4451g 时（即试样量小于 2.2064g），用药勺小心地增加试样直到天平读数为 26.4451g±0.0001g 即可。此时 $K_2Cr_2O_7$ 的质量 $m=26.4451g-24.2387g=2.2064g$。

③ 关上天平侧门，读数。

另一种操作方法：

① 把洁净的小烧杯放在天平盘上，按 TAR 键去皮，屏幕显示数值为“0.0000g”。

② 打开天平侧门，用药勺加 $K_2Cr_2O_7$ 于小烧杯中，当天平读数小于但接近 2.2064g 时，用药勺小心地增加试样直到天平读数为 2.2064g±0.0001g 即可。

三、量筒、移液管、容量瓶和滴定管的使用

1. 量筒和量杯

量筒和量杯都是外壁有容积刻度的准确度不高的玻璃容器。量筒分为量出式和量入式两种（图 3-6），量出式量筒在基础化学实验中普遍使用。量入式量筒有磨口塞子，其用途和用法与容量瓶相似，其精度介于容量瓶和量出式量筒之间，在实验中用得不多。量杯为圆锥形（图 3-7），其精度不及量筒。量筒和量杯都不能用作精密测量，只能用来测量液体的大致体积，也可用来配制溶液。

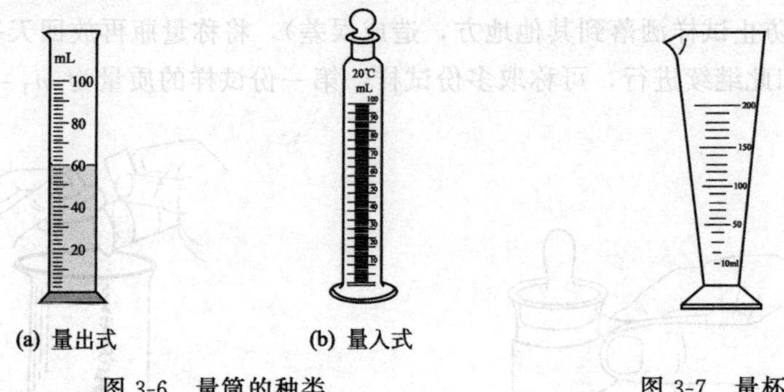

图 3-6 量筒的种类

图 3-7 量杯

市售量筒（杯）有 5mL、10mL、25mL、50mL、100mL、500mL、1000mL 和 2000mL 等，可根据需要选用。

量液时，眼睛要与液面取平，即眼睛置于液面最凹处（弯月面底部）同一水平面上进行观察，读取弯月面底部的刻度（图 3-8）。

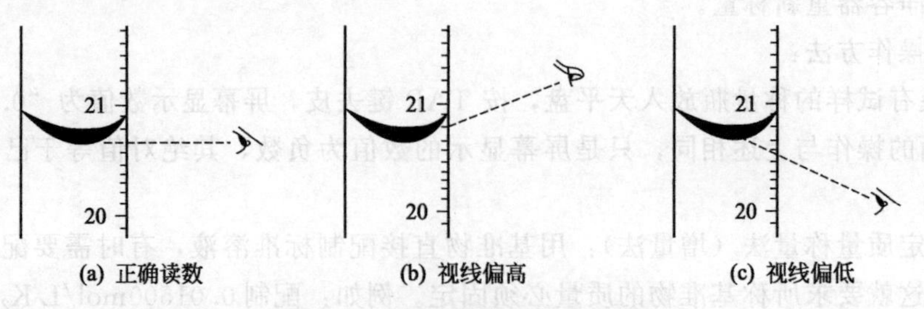

图 3-8 识读量筒内液体的容积

量筒（杯）不能放入高温液体，也不能用来稀释浓硫酸或溶解氢氧化钠（钾）。

用量筒量取不润湿玻璃的液体（如水银）应读取液面最高部位。

量筒易倾倒而损坏，用时应放在桌面当中，用后应放在平稳之处。

2. 移液管和吸量管

移液管是用来准确移取一定量液体的量器。它是一细长而中部膨大的玻璃管，上端刻有环形标线，膨大部分标有容积和标定时的温度［图 3-9(a)］。常用的移液管容积有 5mL、10mL、25mL 和 50mL 等。

吸量管是具有分刻度的玻璃管［图 3-9(b)］，用以吸取不同体积的液体。常用的吸量管有 1mL、2mL、5mL 和 10mL 等规格。

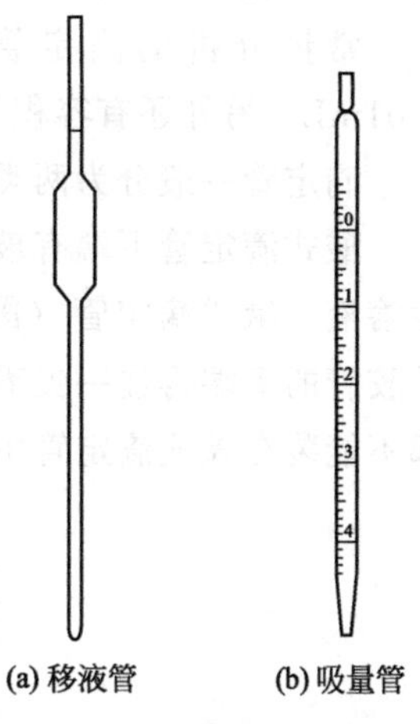

(a) 移液管 (b) 吸量管

图 3-9 移液管和吸量管

(1) 洗涤和润冲：移液管和吸量管在使用前要洗至内壁不挂水珠。洗涤时，在烧杯中盛自来水，将移液管（或吸量管）下部伸入水中，右手拿住管颈上部，左手拿洗耳球轻轻将水吸入至管内容积的一半左右，用右手食指按住管口，取出后把管横放，左右两手的拇指和食指分别拿住管的两端，转动管子使水布满全管，然后直立，将水从尖嘴放出（注意不能从上口放出）。如水洗不净，则用洗耳球吸取铬酸洗液洗涤。也可将移液管（或吸量管）放入盛有洗液的大量筒或高形玻璃筒内浸泡数分钟至数小时，取出后用自来水洗净，再用纯水润冲，方法同前。

吸取试液前，要用滤纸拭去管外水，并用少量试液润冲 2～3 次。方法同上述水洗操作。

(2) 溶液的移取：用移液管移取溶液时，右手大拇指和食指拿住管颈标线上方，将管下部插入溶液中 1～2cm，左手拿洗耳球，先把球中空气压出，然后将球的尖端接在移液管口，慢慢松开左手使溶液吸入管内，移去洗耳球，立即用右手的食指按住管口，大拇指和中指垂直拿住移液管，管尖离开液面，但仍靠在盛溶液器皿的内壁上。稍微放松食指使液面缓缓下降，至溶液弯月面与标线相切时（眼睛与标线处于同一水平上观察），立即用食指压紧管口，使液体不再流出。取出移液管，以干净滤纸片擦去移液管末端外部的溶液，但不得接触下口，然后将移液管移入预先准备好的器皿（如锥形瓶）中。移液管应垂直，锥形瓶稍倾斜，管尖靠在瓶内壁上，松开食指让溶液自然地沿器壁流出（图 3-10）。待溶液流毕，等 10～15s 后，取出移液管。残留在管尖的溶液切勿吹出，因校准移液管时已将此考虑在内（如果移液管上写着“吹”字，则要吹出）。

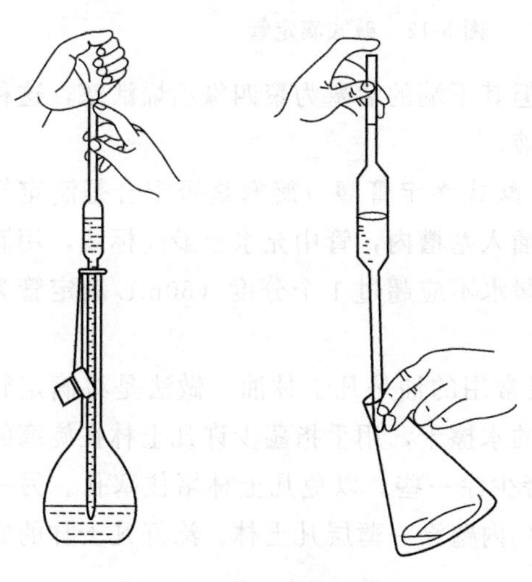

图 3-10 移取溶液的姿势

吸量管的用法与移液管基本相同。使用吸量管时，通常是使液面从它的最高刻度降至另一刻度，使两刻度间的体积恰为所需的体积。在同一实验中应尽可能使用同一吸量管的同一部位，且尽可能用上面部分。如果吸量管的分刻度一直刻到管尖，而且又要用到末端收缩部分时，则要把残留在管尖的溶液吹出。若用非吹入式的吸量管，则不能吹出管尖的残留液。

移液管和吸量管用完，应立即用水洗净，放在管架上。

3. 滴定管

滴定管是滴定操作中，准确量出不固定量标准液体体积的量器。它的主要部分是具有精确刻度、内径均匀的细长玻璃管，下端的流液口为一尖嘴，中间通过玻璃旋塞或乳胶管连接，以控制滴定液流出的速度。

常量分析的滴定管，容积为 25mL、50mL，最小刻度为 0.1mL，读数可估计到 0.01mL。另外还有容积为 10mL、5mL、2mL、1mL 的半微量和微量滴定管。

滴定管一般分为两类：酸式滴定管和碱式滴定管。

酸式滴定管下端有玻璃活塞开关（图 3-11），用来装酸性溶液和氧化性溶液，不宜盛碱性溶液。碱式滴定管（图 3-12）的下端连接一乳胶管，管内有玻璃珠以控制溶液的流出，乳胶管的下端再连一尖嘴玻璃管。凡是与乳胶管起反应的氧化性溶液，如 $KMnO_4$、I_2 等，都不能装在碱式滴定管中。

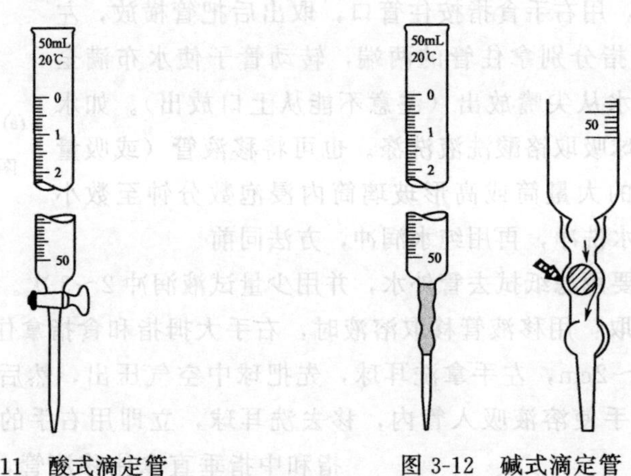

图 3-11　酸式滴定管　　　　图 3-12　碱式滴定管

还有另一种滴定管，外观与酸式滴定管一样，但其下端的活塞为聚四氟乙烯活塞，这种滴定管既可装酸性溶液也可装碱性溶液或氧化性溶液。

(1) 使用前的准备：① 检查滴定管的密合性：酸式滴定管磨口旋塞是否密合是滴定管的质量指标之一。检查的做法是将旋塞用水润湿后插入塞槽内，管中充水至最高标线，用滴定管夹将其固定。密合性良好的滴定管，15min 后漏水不应超过 1 个分度（50mL 滴定管为 0.1mL）。

② 旋塞涂油：旋塞涂油起密封和润滑作用，最常用的油是凡士林油。做法是将滴定管平放在台面上，抽出旋塞，用滤纸将旋塞及塞槽内的水擦干，用手指蘸少许凡士林在旋塞的两侧涂上薄薄的一层（图 3-13）。在离旋塞孔的两旁少涂一些，以免凡士林堵住塞孔。另一种涂油的做法是分别在旋塞粗的一端和塞槽细的一端内壁涂一薄层凡士林。涂好凡士林的旋

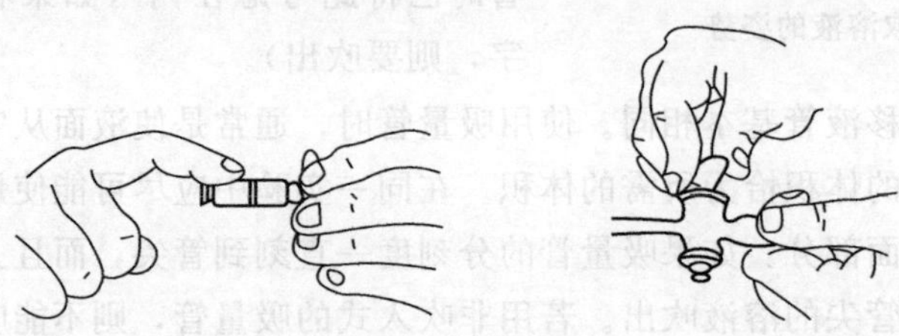

图 3-13　旋塞涂油

塞插入旋塞槽内，沿同一方向旋转旋塞，直到旋塞部位的油膜均匀透明。如发现转动不灵活或旋塞上出现纹路，表示油涂得不够；若有凡士林从旋塞缝内挤出，或旋塞孔被堵，表示凡士林涂得太多。遇到这些情况，都必须把旋塞和塞槽擦干净后重新处理。应注意：在涂油过程中，滴定管始终要平放平拿，不要直立，以免擦干的塞槽又沾湿。涂好凡士林后，用乳胶圈套在旋塞的末端，以防旋塞脱落破损。

涂好油的滴定管要试漏。试漏的方法是将旋塞关闭，管中充水至最高刻度，然后将滴定管垂直夹在滴定管架上，放置 2min，观察尖嘴口及旋塞两端是否有水渗出；将旋塞转动180°，再放置 2min，若前后两次均无水渗出，旋塞转动也灵活，即可洗净使用。

碱式滴定管应选择合适的尖嘴、玻璃珠和乳胶管（长约 6cm），组装后应检查滴定管是否漏水，液滴是否能灵活控制。如不符合要求，则需重新装配。

③ 装入操作溶液：在装入操作溶液时，应由贮液瓶直接灌入，不得借用任何别的器皿，例如漏斗或烧杯，以免操作溶液的浓度改变或造成污染。装入前应先将贮液瓶中的操作溶液摇匀，使凝结在瓶内壁的水珠混入溶液。为除去滴定管内残留的水膜，确保操作溶液的浓度不变，应用该溶液润洗滴定管 2～3 次，每次用量约 10mL。润洗的操作要求是：先关好旋塞，倒入溶液，两手平端滴定管，即右手拿住滴定管上端无刻度部位，左手拿住旋塞无刻度部位，边转边向管口倾斜，使溶液流遍全管，然后打开滴定管的旋塞，使润洗液由下端流出。润洗之后，随即装入溶液。用左手拇指、中指和食指自然垂直地拿住滴定管无刻度部位，右手拿贮液瓶，将溶液直接加入滴定管至最高标线以上。装满溶液的滴定管，应检查滴定管尖嘴有无气泡，如有气泡，必须排出。对于酸式滴定管，可用右手拿住滴定管无刻度部位使其倾斜约 30°，左手迅速打开旋塞，使溶液快速冲出，将气泡带走；对于碱式滴定管，可把乳胶管向上弯曲，出口上斜，挤捏玻璃珠右上方，使溶液从尖嘴快速冲出，即可排除气泡（图 3-14）。

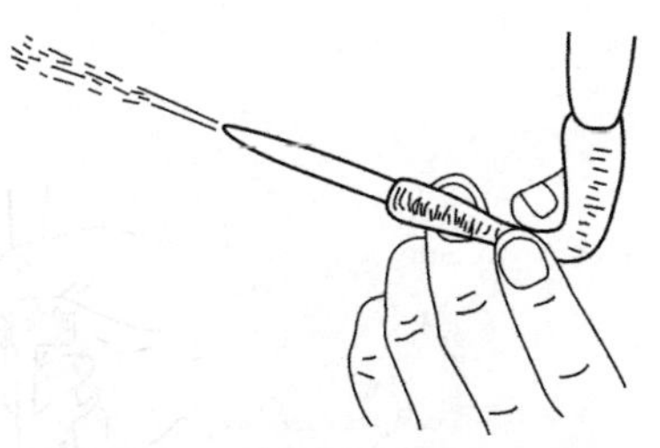

图 3-14　碱式滴定管排出气泡

④ 滴定管的读数：由于附着力和内聚力的作用，滴定管内的液面呈弯月形。无色水溶液的弯月面比较清晰，而有色溶液的弯月面清晰程度较差。因此，两种情况的读数方法稍有不同。为了正确读数，应遵守下列原则。

a. 读数时滴定管应垂直放置，用拇指和食指拿住滴定管上部无刻度的部位。

b. 无色溶液或浅色溶液，应读弯月面下缘实线的最低点。因此，读数时视线应与弯月面下缘实线的最低点在同一水平上（图 3-15）。有色溶液，如 $KMnO_4$、I_2 溶液等，视线应与液面两侧的最高点相切。

c. 滴定时，最好每次从 0.00mL 开始，或从接近“0”的任一刻度开始，这样可以固定在某一体积范围内量度滴定时所消耗的标准溶液，减少体积误差。读数必须准确至 0.01mL。

d. 为了协助读数，可采用读数卡。这种方法有利于初学者练习读数。读数卡可用黑纸或用涂有黑色长方形（约 3cm×1.5cm）的白纸制成。读数时，将读数卡放在滴定管背后，在黑色弯月面下约 1mm 处，可看到弯月面的反射层成为黑色，然后读此黑色弯月面下缘的最低点（图 3-16）。读数应准确到 0.01mL。

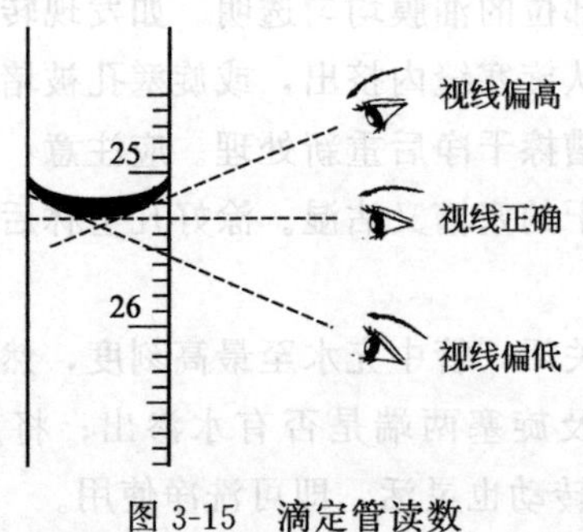

图 3-15 滴定管读数

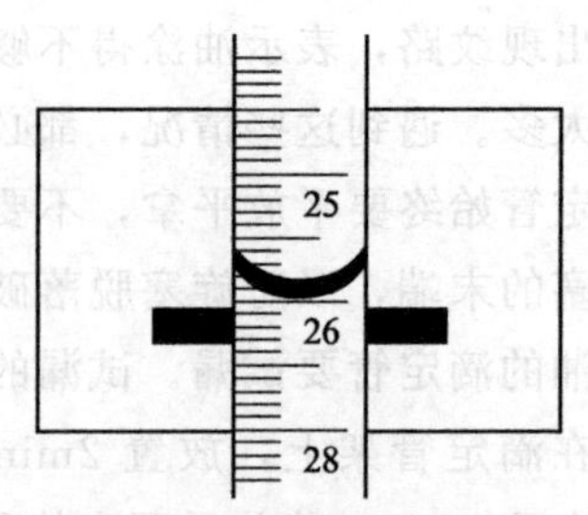

图 3-16 衬黑白卡读数

（2）滴定操作：将装满溶液的滴定管垂直地夹在滴定管架上。

使用酸式滴定管时，应用左手控制滴定管旋塞，大拇指在前，食指和中指在后，手指略微弯曲，轻轻向内扣住旋塞，手心空握，以免碰旋塞使其松动，甚至可能顶出旋塞（图 3-17)。右手握持锥形瓶，边滴边摇动，向同一方向作圆周旋转，而不能前后振动，否则会溅出溶液（图 3-18)。滴定速度一般为 10mL/min，即每秒 3～4 滴。滴定过程中，最好时不时用少量蒸馏水冲洗锥形瓶内壁。临近滴定终点时，应一滴或半滴地加入，并用洗瓶吹入少量蒸馏水冲洗锥形瓶内壁，使附着的溶液全部流下，然后摇动锥形瓶。如此滴定至准确到达终点为止。

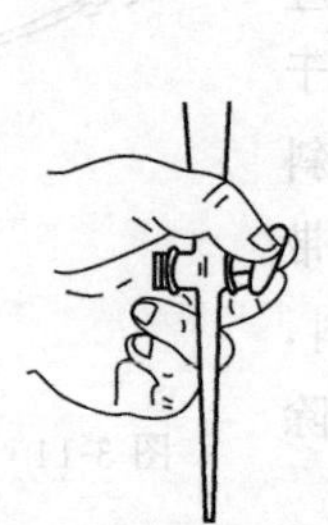
图 3-17 酸式滴定管的操作

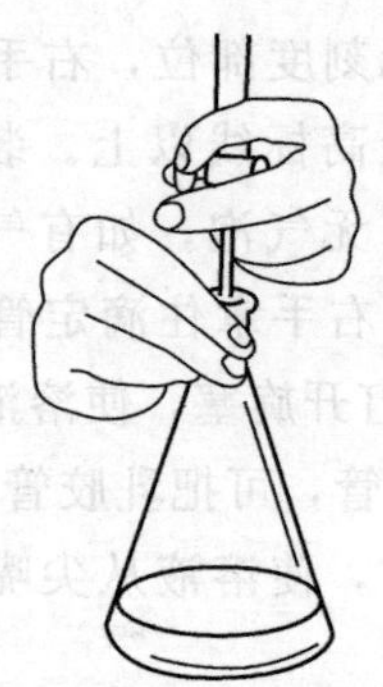
图 3-18 滴定姿势

使用碱式滴定管时，左手拇指在前，食指在后，捏住乳胶管中的玻璃球所在部位稍上处，向手心捏挤乳胶管，使其与玻璃球之间形成一条缝隙，溶液即可流出。应注意，不能捏挤玻璃球下方的乳胶管，否则易进入空气形成气泡。为防止乳胶管来回摆动，可用中指和无名指夹住尖嘴的上部。

滴定通常都在锥形瓶中进行，必要时也可以在烧杯中进行，对于滴定碘法、溴酸钾法等，则需在碘量瓶中进行反应和滴定。碘量瓶是带有磨口玻璃塞、可在喇叭形瓶口之间形成一圈水槽的锥形瓶。槽中加入纯水可形成水封，防止瓶中反应生成的气体（I_2、Br_2）逸失。反应完成后，打开瓶塞，水即流下并可冲洗瓶塞和瓶壁。

（3）滴定结束后滴定管的处理：滴定结束后，把滴定管中剩余的溶液倒掉（不能倒回原贮液瓶!)。依次用自来水和纯水洗净，然后用纯水充满滴定管并垂直夹在滴定管架上，下尖嘴嘴口距底座 1～2cm，上管口用滴定管帽盖住。

若长时间不用，酸式滴定管的玻璃旋塞须擦干净，并垫上纸条，以免时间过久，磨口粘在一起而拔不出来。

4. 容量瓶

（1）容量瓶使用前应检查是否漏水：检查的方法是注入自来水至标线附近，盖好瓶塞，用右手的指尖顶住瓶底边缘，将其倒立 2min，观察瓶塞周围是否有水渗出（图 3-19）。如果不漏，再把塞子旋转 180°，塞紧、倒置，如仍不漏水，则可使用。使用前必须把容量瓶按容量器皿洗涤要求洗涤干净。容量瓶与瓶塞要配套使用，标准磨口或塑料塞不能调换。瓶塞须用尼龙绳系在瓶颈上，以防掉落摔碎。系绳不要很长，约 2～3cm，以可启开塞子为限。

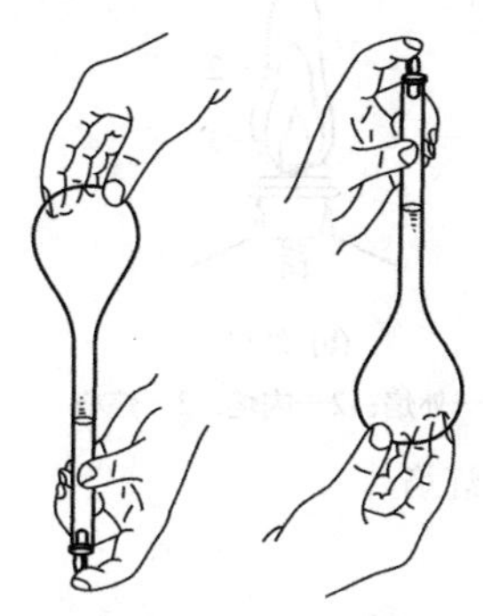
图 3-19　检查漏水和混匀溶液的操作

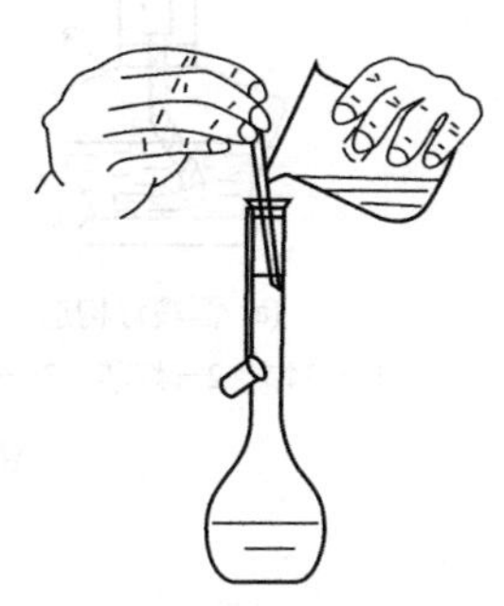
图 3-20　转移溶液的操作

（2）配制溶液的操作方法：将准确称量的固体试剂放在小烧杯中，加入适量水，搅拌使其溶解（若难溶，可盖上表面皿，稍加热，但须放冷后才能转移），沿玻璃棒把溶液转移到容量瓶中，玻璃棒不能与容量瓶瓶口接触，以防溶液沿瓶口流到容量瓶外（图 3-20）。溶液倒尽后烧杯不要直接离开玻璃棒，而应在烧杯扶正的同时使杯嘴沿玻棒上提 1～2cm，烧杯随即离开玻璃棒，这样可避免杯嘴与玻璃棒之间的溶液流到烧杯外面。然后再用少量水润洗杯壁 3～4 次，每次的润洗液按同样操作转移入容量瓶中。当溶液达 2/3 容量时，应将容量瓶沿水平方向摇晃使溶液初步混匀（注意：不能倒转容量瓶!），再加水至接近标线，最后用滴管从刻度线以上 1cm 处沿颈壁缓缓滴加纯水，至弯月面最低点恰好与标线相切。盖紧瓶塞，用食指压住瓶塞，另一只手托住容量瓶底部，倒转容量瓶，使瓶内气泡上升到顶部，边倒转边摇动，如此反复多次，使瓶内溶液充分混合均匀。容量瓶是量器而不是容器，不宜长期存放溶液，如溶液需使用一段时间，应将溶液转移到试剂瓶中贮存。试剂瓶应先用该溶液涮洗 2～3 次，以保证浓度不变。容量瓶不得在烘箱中烘烤，也不许以任何方式加热。

注意：若稀释溶液，用移液管移取所需一定量的溶液，直接转移到容量瓶内，而不能把溶液放入烧杯，再转移至容量瓶。另外，容量瓶使用完毕洗净后，要在瓶口和玻璃瓶塞之间夹一纸条，以免时间过久，磨口黏结在一起而拔不出来。

四、加热装置及其使用方法

1. 燃料加热器及其应用

燃料加热器是最传统的加热器具。使用的燃料一般为酒精或煤气、天然气（液化气）。燃料器具使用明火加热，不适宜在有较高蒸气压、易燃、易爆的有机气氛中使用。因此多用于无机化学实验中。

（1）酒精灯：酒精灯的加热温度通常为 400～500℃，适用于不需太高加热温度的实验。酒精灯由灯罩、灯芯和灯壶三部分组成，灯焰分为外焰、内焰和焰心，如图 3-21 所示。使用时先检查灯芯是否整齐，若不齐则需要修整；然后再加酒精。加酒精时，应在灯熄灭情况下进行，牵出灯芯，借助漏斗将酒精注入，最多加入量为灯壶容积的2/3。必须用火柴点燃，绝不能用另一个燃着的酒精灯去点燃，以免洒落酒精引起火灾。熄灭时，用灯帽盖上即可，切记不要用嘴吹，片刻后，还应将灯帽再打开一次，以免冷却后盖内产生负压使以后打开困难。使用方法如图3-22所示。

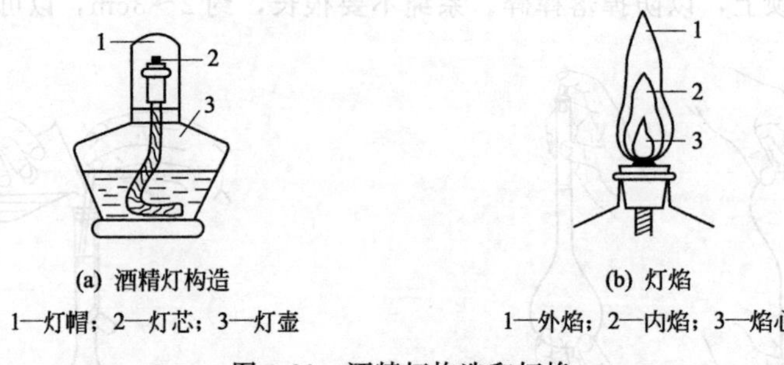

(a) 酒精灯构造
1—灯帽；2—灯芯；3—灯壶

(b) 灯焰
1—外焰；2—内焰；3—焰心

图 3-21 酒精灯构造和灯焰

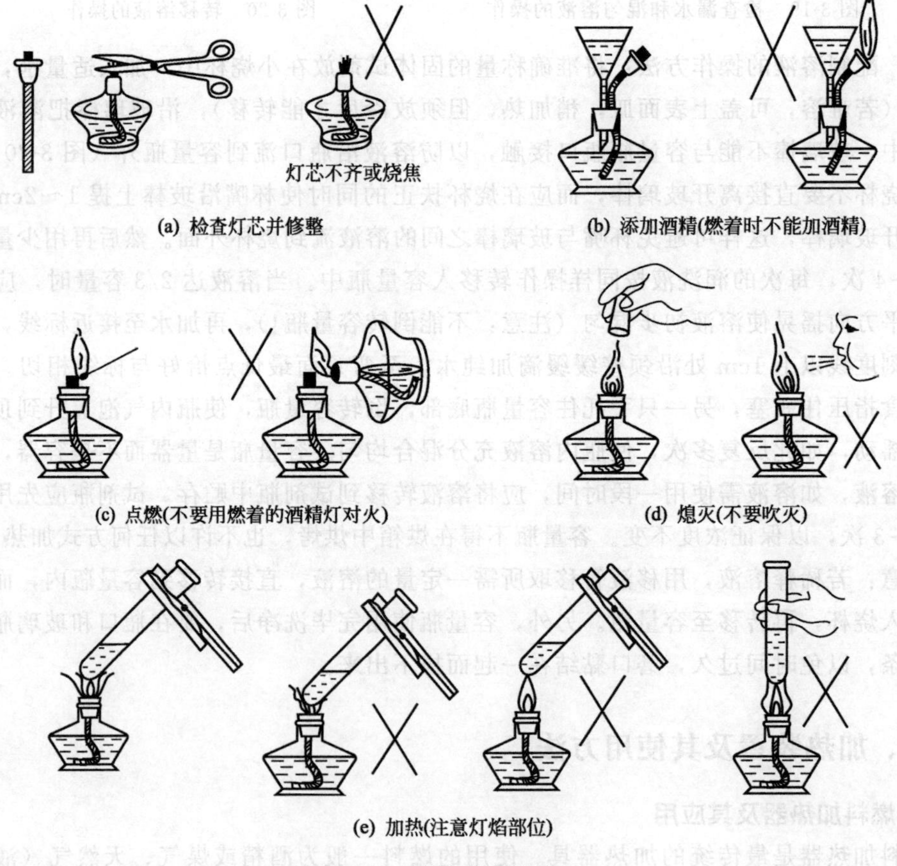

(a) 检查灯芯并修整

(b) 添加酒精(燃着时不能加酒精)

(c) 点燃(不要用燃着的酒精灯对火)

(d) 熄灭(不要吹灭)

(e) 加热(注意灯焰部位)

图 3-22 酒精灯的使用方法

(2) 酒精喷灯：酒精喷灯有座式和挂式两种，构造如图3-23所示。它们的使用方法相同（图3-24)。应先在酒精灯壶或贮罐内加入酒精，注意在使用过程中不能续加，以免着火。预热盘中加满酒精并点燃（挂式喷灯应在点燃喷灯前先将贮罐下面的开关打开，从灯管口冒出酒精后再关上)，等酒精燃烧完灯管灼热后，打开空气调节并用火柴将灯点燃。酒精喷灯是靠汽化的酒精燃烧，所以温度较高，可达 700～900℃。用完后关闭空气调节器，或用石板盖住灯口即可将灯熄灭。挂式喷灯不用时，应将贮罐下面的开关关闭。座式喷灯最多使用半小时，挂式喷灯也不可将罐里的酒精一次用完。若需继续使用，应将喷灯熄灭，冷却，添加酒精后再次点燃。

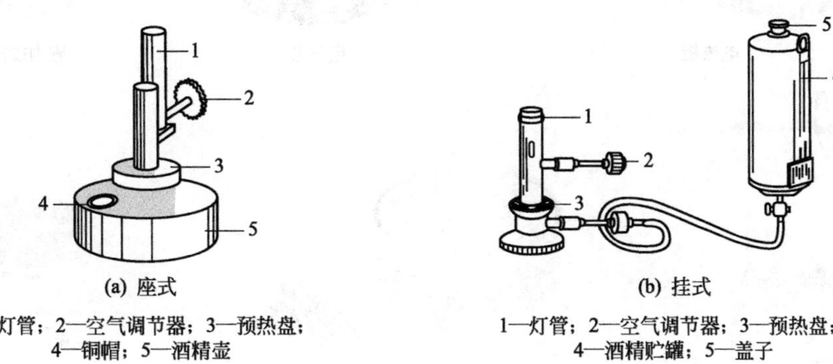

(a) 座式

1—灯管；2—空气调节器；3—预热盘；4—铜帽；5—酒精壶

(b) 挂式

1—灯管；2—空气调节器；3—预热盘；4—酒精贮罐；5—盖子

图 3-23　酒精喷灯类型和构造

(a) 添加酒精(注意关好下口开关，内座式喷灯贮酒精量不能超过2/3)

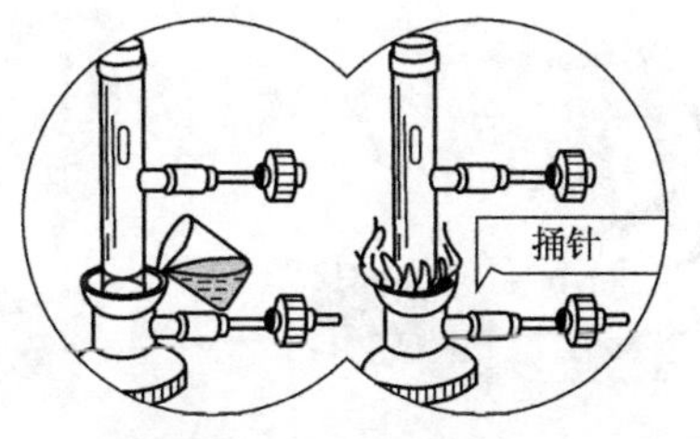

(b) 预热盘中加少量酒精点燃(可多次试点，但两次不出气，必须在火焰熄灭后加酒精，并用捅针疏通酒精蒸气出口后，方可再预热)

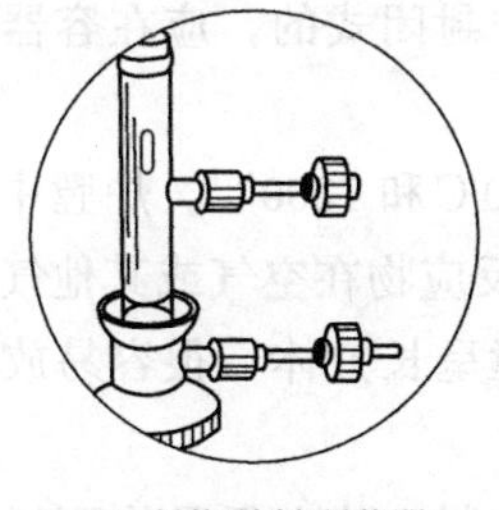

(c) 调节(旋转调节器)

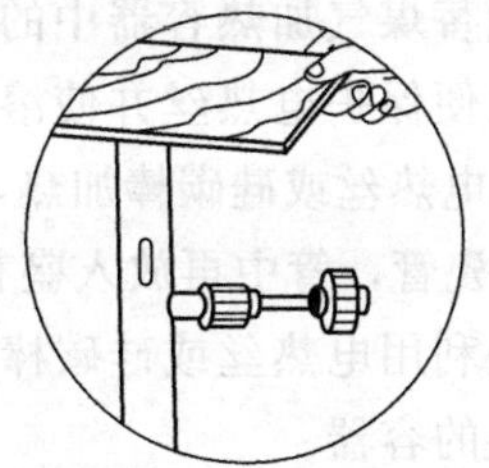

(d) 熄灭(可盖灭，也可旋转调节器熄火)

图 3-24　酒精喷灯的使用方法

2. 电加热器及其应用

实验室常用电热板、电热套、电炉、管式炉、马弗炉、烘箱等（图 3-25）进行电加热。电热板多为扁薄的板状设计，结构简单，加热均匀，易于安装和使用。电热板采用不锈钢、陶瓷等材质作为外层壳体，电热合金丝被封闭于电热板内部，因此为封闭式加热，加热时无明火、无异味、安全性较好，适用于各种工作环境。

电热套由无碱玻璃纤维、金属加热丝编制的半球形加热内套和控制电路组成，升温快、温度高、操作简便、经久耐用，是做玻璃容器的精确控温加热实验的常用仪器。现在大部分的电热套都与电磁搅拌结合，使用更加方便。

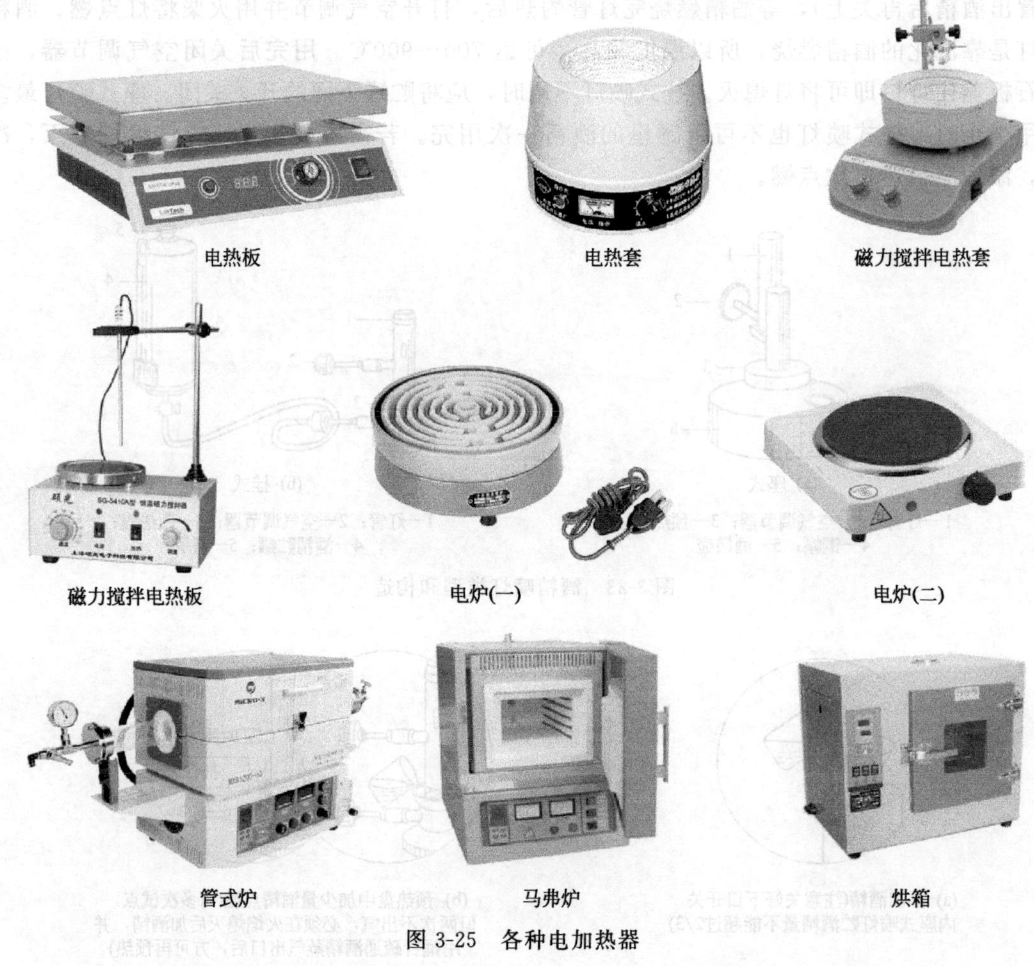

图 3-25 各种电加热器

电炉可以代替煤气加热容器中的液体，如果电炉是非封闭式的，应在容器和电炉之间垫一块石棉网，以便保护电热丝并使溶液受热均匀。

管式炉利用电热丝或硅碳棒加热，温度可分别达到 950℃和 1300℃。炉膛中放一根耐高温的石英玻璃管或瓷管，管中再放入盛有反应物的瓷舟，使反应物在空气或其他气氛中受热。

马弗炉也是利用电热丝或硅碳棒加热的高温炉，炉膛呈长方体，很容易放入要加热的坩埚或其他耐高温的容器。

管式炉和马弗炉的温度用温度控制仪连接热电偶来控制。热电偶是将两根不同的金属丝一端焊接在一起制成的，使用时把未焊接的一端连接在毫伏计正负极上，焊接端伸入炉膛内。温度愈高热电偶热电势愈大，由毫伏计指针偏离零点远近指示出温度的高低。

烘箱外壳一般采用薄钢板制作，表面烤漆，工作室采用优质的结构钢板制作。外壳与工作室之间填充硅酸铝纤维。加热器安装底部，也可安置顶部或两侧。温度控制仪表采用数显智能控温表。使烘箱的操作更简便，快捷与有效。

五、固体物质的溶解

将一种固体物质溶解于某一溶剂时，除了要考虑取用适量的溶剂外，还必须考虑温度对物质溶解度的影响。

一般情况下，加热可以加速固体物质的溶解过程。直接加热还是间接加热取决于物质的热稳定性。

搅拌可以加速溶解过程。用搅拌棒搅拌时，应手持搅拌棒并转动手腕使搅拌棒在溶液中均匀地转圈，不要用力过猛使搅拌棒碰到器壁，以免发出响声、损坏容器。如果固体颗粒太大，应预先研细（图 3-26）。

图 3-26　固体溶解的一般步骤

六、固液分离

固液分离方法有三种：倾析法、过滤法和离心分离法。

1. 倾析法

当沉淀的相对密度较大或晶体的颗粒较大，静置后能很快沉降至容器的底部时，常用倾析法进行分离和洗涤。将沉淀上部的溶液倾入另一容器中而使沉淀与溶液分离。如需洗涤沉淀时，只需向盛沉淀的容器内加入少量洗涤液，将沉淀和洗涤液充分搅匀。待沉淀沉降到容器的底部后，再用倾析法倾去溶液（图 3-27）。如此反复操作两三遍，就能将沉淀洗净。

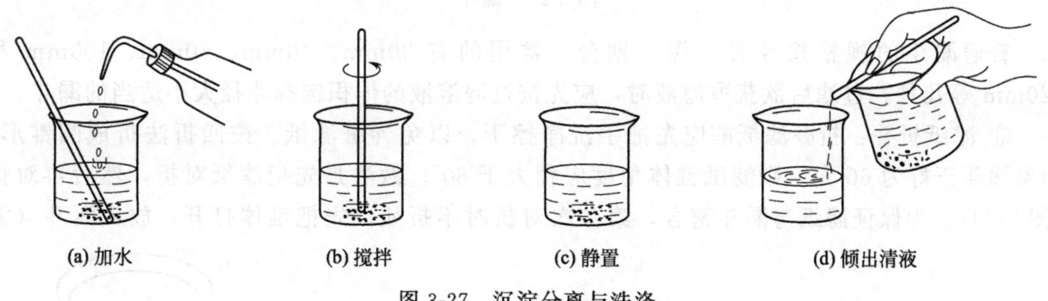

图 3-27　沉淀分离与洗涤

2. 过滤法

过滤法是最常用的固液分离方法之一。当沉淀和溶液经过过滤器时，沉淀留在过滤器上；溶液通过过滤器而进入容器中，所得溶液称作滤液。

过滤时，溶液的温度、黏度、压力、沉淀的状态和颗粒大小都会影响过滤速度，因而应根据不同的影响因素选用不同的过滤方法。常用的过滤方法有常压过滤（普通过滤）、减压过滤（吸滤）和热过滤三种。通常热的溶液黏度小，采用热过滤法比冷的溶液更容易过滤。溶液黏度愈小，过滤愈快。减压过滤因产生负压强比在常压下过滤快。如果沉淀是胶状的，可在过滤前加热破坏溶胶，促使胶体聚沉，以免胶状沉淀透过滤纸。

（1）常压过滤：此法最为简单、常用。选用的漏斗大小应以能容纳沉淀为宜。滤纸有定性滤纸和定量滤纸两种，根据需要加以选用。在无机化学定性实验中常用定性滤纸。重量法定量分析应使用定量滤纸，定量滤纸又称为无灰滤纸，在灼烧后其灰分的质量应小于或等于常量分析天平的感量。

① 滤纸的选择：滤纸按孔隙大小分为“快速”“中速”和“慢速”三种；按直径大小分为 7cm、9cm、11cm 等几种。应根据沉淀的性质选择滤纸的类型，如 $BaSO_4$ 细晶形沉淀，应选用“慢速”滤纸；NH_4MgPO_4 粗晶形沉淀，宜选用“中速”滤纸；$Fe_2O_3 \cdot nH_2O$ 胶状沉淀，需选用“快速”滤纸。根据沉淀量的多少选择滤纸的大小，一般要求沉淀的总体积不得超过滤纸锥体高度的 1/3。滤纸的大小还应与漏斗的大小相适应，一般滤纸上沿应低于漏斗上沿约 1cm。

② 漏斗：漏斗按材质分为玻璃漏斗和搪瓷漏斗，按颈的长短分为长颈漏斗和短颈漏斗。长颈漏斗颈长 15～20cm，颈的直径一般为 3～5mm，颈口处磨成45°角，漏斗锥体角度应为 60°角（图 3-28）。

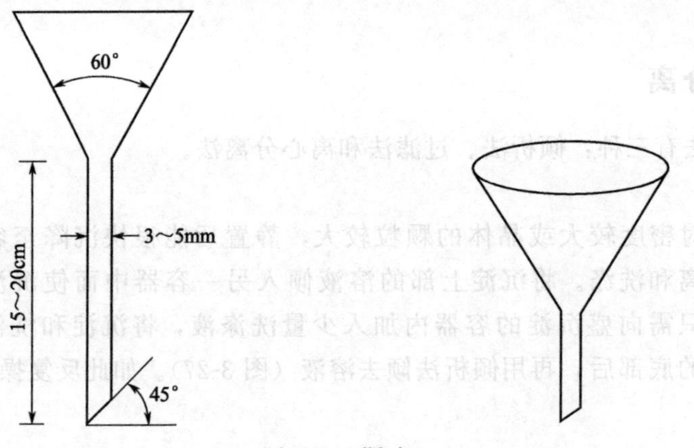

图 3-28　漏斗

普通漏斗的规格按斗径（深）划分，常用的有 30mm、40mm、60mm、100mm 和 120mm 等几种。过滤后欲获取滤液时，应先按过滤溶液的体积选择斗径大小适当的漏斗。

③ 滤纸折叠：折叠滤纸前应先把手洗净擦干，以免弄脏滤纸。按四折法折成圆锥形，如果漏斗正好为 60°角，则滤纸锥体角度应稍大于 60°。做法是先把滤纸对折，然后再对折（图 3-29）。为保证滤纸与漏斗密合，第二次对折时不折死，先把锥体打开，放入漏斗（漏

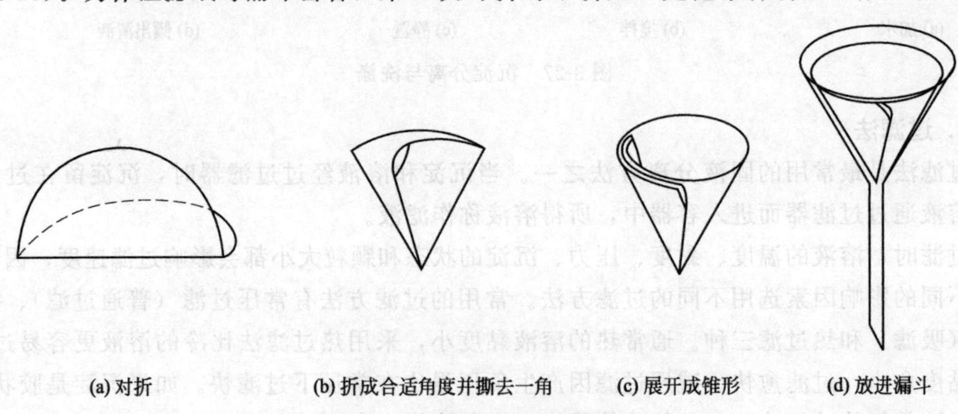

图 3-29　滤纸的折叠和安放

斗应干净且干燥）。如果上沿不十分密合，可以稍微改变滤纸的折叠角度，直到与漏斗密合为止，此时可以把第二次的折边折死。

展开滤纸锥体一边为三层，另一边为一层。为了使滤纸和漏斗内壁贴紧而无气泡，常在三层的外层滤纸折角处撕下一小块，此小块滤纸保存在洁净干燥的表面皿上，以备擦拭烧杯中残留的沉淀用。

④ 滤纸放置：滤纸应低于漏斗边缘 0.5～1cm。滤纸放入漏斗后，用手按紧使之密合。然后用洗瓶加少量水润湿滤纸，轻压滤纸赶去气泡，加水至滤纸边缘。这时漏斗颈内应全部充满水或水柱。由于液体的重力可起抽滤作用，从而加快过滤速度。若不能形成水柱，可用手指堵住漏斗下口，稍掀起滤纸的一边，用洗瓶向滤纸和漏斗的空隙处加水，使漏斗充满水，压紧滤纸边慢慢松开堵住下口的手指，此时应形成水柱。如仍不能形成水柱，可能漏斗形状不规范。如果漏斗颈不干净也影响水柱形成，这时应重新清洗。

⑤ 过滤（注意三靠）：过滤操作多采用倾析法（图 3-30）。即先倾出静置后的清液，再转入沉淀。首先将准备好的漏斗放在漏斗架上，漏斗下面放一承接滤液的洁净烧杯，其容积应为滤液总量的 5～10 倍，并斜盖以表面皿。漏斗颈口斜处紧靠杯壁（一靠），使滤液沿烧杯壁流下。漏斗放置位置的高低，以漏斗颈下口不接触滤液为度。同时进行几份平行测定时，应把装有待滤溶液的烧杯分别放在相应的漏斗之前，按顺序过滤，不要弄错。

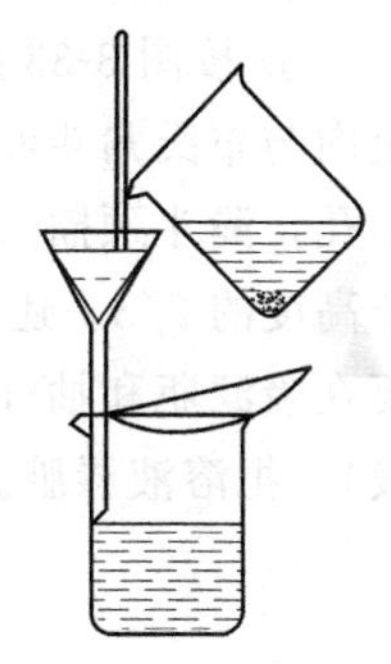
图 3-30　过滤

将经过静置后的清液（为什么先要静置，而不是一开始就将沉淀和溶液搅混合过滤?）倾入漏斗中时，要注意烧杯嘴紧靠玻璃棒（二靠），让溶液沿着玻璃棒缓缓流入漏斗中；而玻璃棒的下端要靠近三层滤纸处（三靠），但不要接触滤纸。一次倾入的溶液一般最多只充满滤纸的 2/3，以免少量沉淀因毛细作用越过滤纸上沿而损失。当倾入暂停时，小心扶正烧杯，玻璃棒不离烧杯嘴，烧杯向上移 1～2cm，靠去烧杯嘴的最后一滴后，将玻璃棒收回并直接放入烧杯中，但玻璃棒不要靠在烧杯嘴处，因为此处可能沾有少量沉淀。倾析完成后，在烧杯内将沉淀作初步洗涤，再用倾析法过滤，如此重复 3～4 次。

⑥ 沉淀转移：为了把沉淀转移到滤纸上，先用少量洗涤液把沉淀搅起，将悬浮液立即按上述方法转移到滤纸上，如此重复几次，一般可将绝大部分沉淀转移到滤纸上。残留的少量沉淀也要全部转移干净（图 3-31）。左手持烧杯倾斜着拿在漏斗上方，烧杯嘴向着漏斗。用食指将玻璃棒横架在烧杯口上，玻璃棒的下端向着滤纸的三层处，用洗瓶吹出洗涤液，冲洗烧杯内壁，沉淀连同溶液沿玻璃棒流入漏斗中。

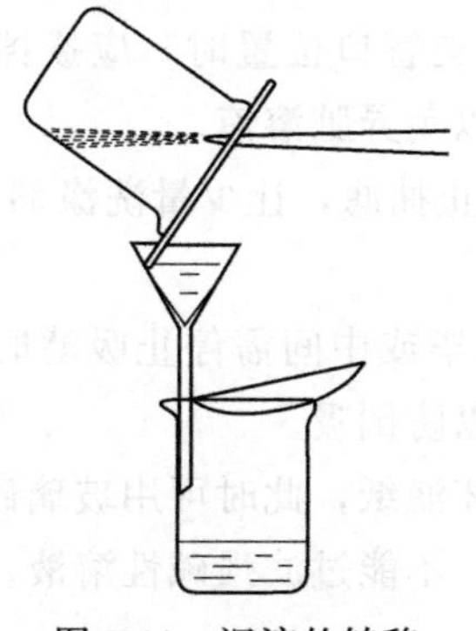
图 3-31　沉淀的转移

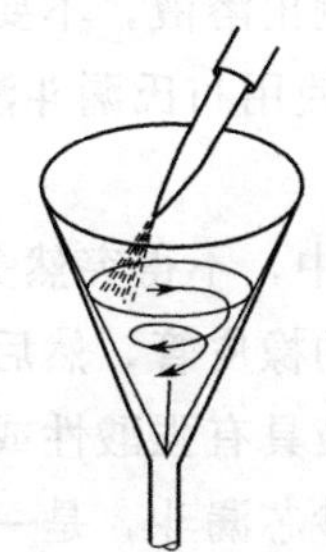
图 3-32　沉淀的洗涤

⑦ 洗涤沉淀：沉淀全部转移到滤纸上以后，仍需在滤纸上洗涤沉淀，以除去沉淀表面吸附的杂质和残留的母液。其方法是从滤纸边沿稍下部位开始，用洗瓶吹出水流，按螺旋形向下移动。并借此将沉淀集中到滤纸锥体的下部（图 3-32）。洗涤时应注意，切勿使洗涤液突然冲在沉淀上，这样容易溅失。

为了提高洗涤效率，通常采用"少量多次"的洗涤原则：即用少量洗涤液，洗后尽量沥干，多洗几次。沉淀洗涤至最后，用干净的试管接取几滴滤液，选择灵敏的定性反应来检验共存离子，判断洗涤是否完成。

(2) 减压过滤：此法可加速过滤，并使沉淀抽吸得较干燥。但不宜过滤胶状沉淀和颗粒太小的沉淀，因为胶状沉淀在快速过滤时易透过滤纸。颗粒太小的沉淀易在滤纸上形成一层密实的沉淀，溶液不易透过。

减压过滤（吸滤）操作步骤如下：

① 按图 3-33 所示，组装好实验装置。水泵起着带走空气使吸滤瓶内压力减小的作用。瓶内与布氏漏斗液面上的负压，加快了过滤速度。吸滤瓶用来承接滤液。布氏漏斗上有许多小孔，漏斗颈插入单孔橡皮塞，与吸滤瓶相接。应注意橡皮塞插入吸瓶内的部分不得超过塞子高度的 2/3。还应注意漏斗颈下方的斜口要对着吸滤瓶的支管口。当要求保留溶液时，需要在吸滤瓶和抽气泵之间装上一安全瓶以防止自来水回流入吸滤瓶内（此现象称为反吸或倒吸），把溶液弄脏。安装应注意安全瓶长管和短管的连接顺序，不要连错。

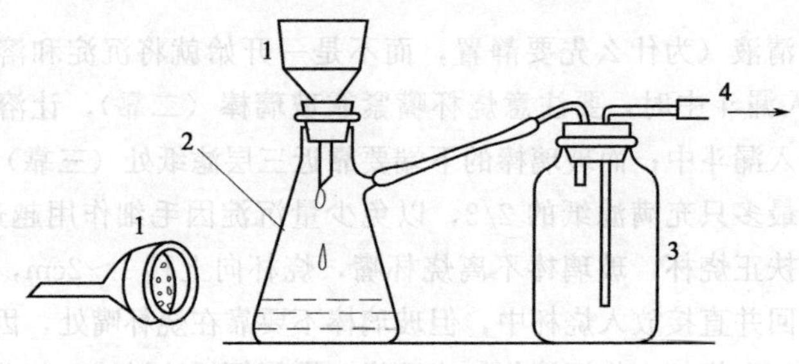

图 3-33 减压过滤装置

1—布氏漏斗；2—吸滤瓶；3—缓冲瓶（安全瓶）；4—接真空泵

② 滤纸放置：减压过滤使用布氏漏斗，将滤纸放入漏斗内，其大小应略小于漏斗内径又能将全部小孔盖住为宜。用蒸馏水润湿滤纸，开启水泵，抽气使滤纸紧贴在漏斗瓷板上。

③ 倾析法转移溶液：一是注意溶液量不应超过漏斗容量的 2/3，待溶液快流尽时再转移沉淀。二是注意观察吸滤瓶内液面高度，当快达到支管口位置时，应拔掉吸滤瓶上的橡皮管，从吸滤瓶上口倒出溶液，不要从支管口倒出，以免弄脏溶液。

④ 洗涤沉淀：使用布氏漏斗洗涤沉淀时，应停止抽滤，让少量洗涤剂缓缓通过沉淀物，然后进行抽滤。

⑤ 在吸滤过程中，不得突然关掉水泵。吸滤完毕或中间需停止吸滤时，应注意先拆下连接水泵和吸滤瓶的橡皮管，然后再关循环水泵，以防倒吸。

如果过滤的溶液具有强酸性或强氧化性，会破坏滤纸，此时可用玻璃砂漏斗。玻璃砂漏斗也叫垂熔漏斗或砂芯漏斗，是一种耐酸的过滤器，不能过滤强碱性溶液。玻璃砂漏斗规格如表 3-1 所示。

表 3-1　玻璃砂漏斗规格

滤板/代号	滤板孔径/μm	一般用途
G1	20～30	过滤胶状沉淀
G2	10～15	滤除较大颗粒沉淀物
G3	4.5～9	滤除细小颗粒沉淀物
G4	3～4	滤除细小颗粒或较细颗粒沉淀物

过滤强碱性溶液可使用玻璃纤维代替滤纸。过滤时应将洁净的玻璃纤维均匀铺在布氏漏斗内，与减压过滤操作步骤相同。由于过滤后，沉淀在玻璃纤维上，故此法只适用于弃去沉淀只要滤液的分离。

(3) 热过滤：某些溶质在溶液温度降低时，易成晶体析出。为了去除这类溶液中所含的其他分离物质，可以采用热过滤法。把玻璃漏斗放在铜质的热滤漏斗内（图 3-34），热滤漏斗内装有热水（水不要太满，以免水加热至沸后溢出）以维持溶液的温度。过滤时，先将热滤漏斗内的水加热，当到达所需温度时，将热溶液逐渐倒入玻璃漏斗中；玻璃漏斗中的液体仍不宜积得太多，以免析出晶体堵塞漏斗，最好在玻璃漏斗上盖上一表面皿。为了避免漏斗破裂和在漏斗中析出晶体，最好先用热水浴、水蒸气浴或在电烘箱中把漏斗预热再进行热过滤。热过滤选用的玻璃漏斗颈越短越好。(为什么?)

为加快过滤，滤纸折叠时，先对折成双层半圆，再来回对折成十六等份呈折叠扇面形，拉开双层即成菊花形滤纸（图 3-35）。在折纹集中的圆心处折时切勿重压，否则滤纸的中央在过滤时容易破裂。使用前应将折好的滤纸翻转并整理好再放入漏斗中，这样可避免被手弄脏的一面接触滤液。

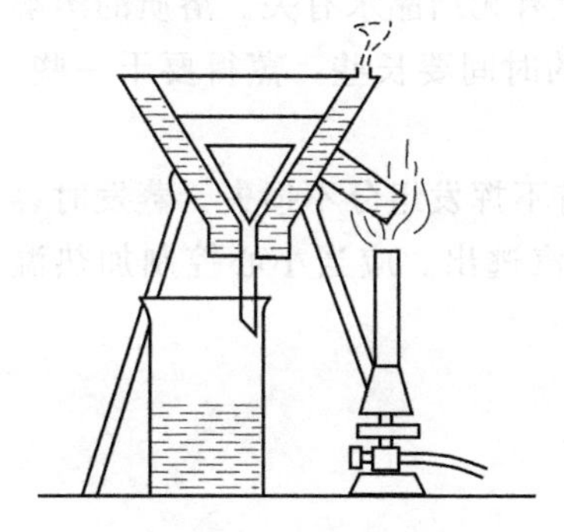

图 3-34　热过滤用漏斗

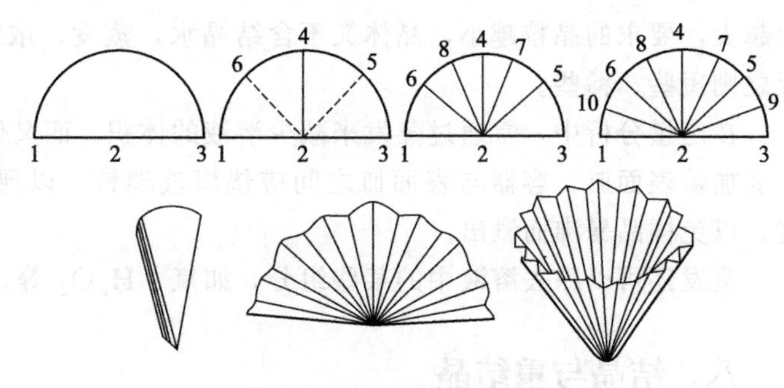

图 3-35　菊花形滤纸的折叠

3. 离心分离法

当试管反应中得到的少量溶液与沉淀需要分离时，常采用离心分离法，操作简单迅速。实验室常用电动离心机进行分离［图 3-36(a)］。操作时，把盛有混合物的离心管（或小试管）放入离心机的套管内，在与这套管呈相对位置的空长管内放一同样大小的试管，内装与混合物等体积的水，以保持转动平衡。然后缓慢启动离心机，再逐渐加快，1～2min 后，旋转按钮至停止位置，使离心机自然停下。在任何情况下启动离心机都不能太猛，也不能用外力强制停止，否则会损坏离心机且易发生危险。另外，台式离心机在实验室也经常用到［图 3-36(b)］。

由于离心作用，沉淀紧密地聚集于离心管的尖端，上方的溶液是澄清的。用滴管小心地吸出上方清液，也可将其倾出。如果沉淀需要洗涤，可以加入少量的洗涤液，用玻璃棒充分

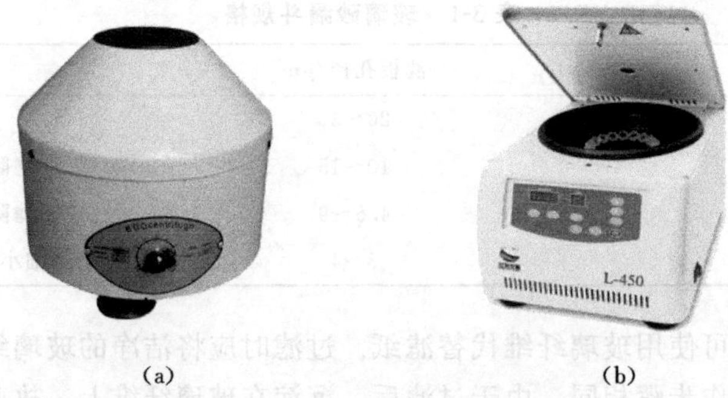

(a) (b)

图 3-36 电动离心机和台式离心机

搅动，再进行离心分离，如此重复操作两三遍即可。

七、蒸发（浓缩）

当溶液很稀而欲制备的无机物质的溶解度又较大时，为了析出该物质的晶体，就需对溶液进行蒸发、浓缩。

在无机制备、提纯实验中，蒸发、浓缩一般在水浴上进行。若溶液很稀且物质对热的稳定性又较好，可先放在石棉网上用煤气灯（或酒精灯）直接加热蒸发。蒸发时应用小火，以防溶液暴沸、迸溅，然后再放在水浴上加热蒸发。常用的蒸发容器是蒸发皿，蒸发皿内所盛放的液体体积不应超过其容积的 2/3。如果液体量较多，蒸发皿一次盛不下，可随水分的不断蒸发而继续添加液体。在石棉网上或直火加热前应把外壁水擦干。水分不断蒸发，溶液逐渐浓缩，当蒸发到一定程度后冷却，就可以析出晶体。注意不要使蒸发皿骤冷，以免炸裂。蒸发浓缩的程度与溶质溶解度的大小、对晶粒大小的要求以及有无结晶水有关。溶质的溶解度越大，要求的晶粒越小，晶体又不含结晶水，蒸发、浓缩的时间要长些，蒸得要干一些。反之则短些、稀些。

在定量分析中，常通过蒸发来减少溶液的体积，而又保持不挥发组分不损失。蒸发时容器要加盖表面皿，容器与表面皿之间应垫以玻璃钩，以便蒸汽逃出。应当小心控制加热温度，以免样品暴沸而溅出。

蒸发还可以除去溶液中的某些组分，如氧、H_2O_2 等。

八、结晶与重结晶

晶体从溶液中析出的过程称为结晶。

结晶是提纯固态物质的重要方法之一。结晶时要求溶质的浓度达到饱和，通常有两种方法。一种是蒸发法，即通过蒸发、浓缩或汽化，减少一部分溶剂使溶液达到饱和而结晶析出。此法主要用于溶解度随温度改变而变化不大的物质（如氯化钠）。另一种是冷却法，即通过降低温度使溶液冷却达到饱和而析出晶体。此法主要用于溶解度随温度下降而明显减小的物质（如硝酸钾）。有时需将两种方法结合使用。

晶体颗粒的大小与结晶条件有关，如果溶质的溶解度小，或溶液的浓度高，或溶剂蒸发快，或溶液冷却快，析出的晶粒就细小；反之，就可得到较大的晶体颗粒。实际操作中，常根据需要，控制适宜的结晶条件，以得到大小合适的晶体颗粒。

当溶液发生过饱和现象时，可以振荡容器、用玻璃棒搅动、轻轻地摩擦器壁或投入几粒晶种，来促使晶体析出。

当第一次得到的晶体纯度不符合要求时，可将所得的晶体溶于少量溶剂中再进行蒸发（或冷却）、结晶、分离。如此反复操作称为重结晶。重结晶是提纯固体物质常用的重要方法之一。它适用于溶解度随温度改变而有显著变化的物质的提纯。有些物质的纯化，需经过几次重结晶才能完成。

选择适宜的溶剂是重结晶操作的关键，通常应根据“相似相溶”的一般原理，但所选的溶剂必须具备下列条件：

(1) 不与被提纯物质起反应；

(2) 待提纯物质的溶解度随温度的变化有明显的差异；

(3) 杂质的溶解度很大（结晶时留在母液中）或很小（趁热过滤即可除去）；

(4) 溶剂沸点应低于待提纯物质的熔点；

(5) 溶剂的价格低廉，毒性低，回收率高。

九、试纸的使用

在无机化学实验中常用试纸来定性检验一些溶液的酸碱性或某些物质（气体）是否存在，操作简单，使用方便。试纸的种类很多，无机化学实验中常用的有：石蕊试纸、pH 试纸、醋酸铅试纸和碘化钾-淀粉试纸等。

1. 石蕊试纸

用于检验溶液的酸碱性，有红色石蕊试纸和蓝色石蕊试纸两种。红色石蕊试纸用于检验碱性溶液（或气体）（遇碱时变蓝），蓝色石蕊试纸用于检验酸性溶液或气体（遇酸时变红）。

(1) 制备方法：用热的酒精处理市售石蕊以除去夹杂的红色素。倾去浸液，1 份残渣与 6 份水浸煮并不断摇荡，滤去难溶物。将滤液分成两份，一份加稀 H_3PO_4 或 H_2SO_4 至变红，另一份加稀 NaOH 至变蓝，然后将滤纸分别浸入这两种溶液中，取出后在避光且没有酸、碱蒸气的房中晾干，剪成纸条即可。

(2) 使用方法：用镊子取一小块试纸放在干燥清洁的点滴板或表面皿上，用蘸有待测液的玻璃棒点试纸的中部，观察被润湿试纸颜色的变化。如果检验的是气体，则先将试纸用去离子水润湿，再用镊子夹持横放在试管口上方，观察试纸颜色的变化。

2. pH 试纸

用以检验溶液的 pH 值，分两类。一类是广范 pH 试纸，变色范围为 pH＝1～14，用来粗略检验溶液的 pH 值；另一类是精密 pH 试纸，这种试纸在溶液 pH 变化较小时就有颜色变化，因而可较精确地估计溶液的 pH 值。根据其颜色变化范围可分为多种，如 pH 变色范围为：2.7～4.7、3.8～5.4、5.4～7.0、6.9～8.4、8.2～10、5～13.0 等。可根据待测溶液的酸碱性，选用某一变色范围的试纸。

(1) 制备方法：广范 pH 试纸是将滤纸浸泡于通用酸碱指示剂溶液中，然后取出，晾干，裁成小条而成。通用酸碱指示剂是几种酸碱指示剂的混合溶液，在不同 pH 值溶液中可显示不同的颜色，有多种配方。如通用酸碱指示剂 B 的配方为：1g 酚酞、0.2g 甲基红、0.3g 甲基黄、0.4g 溴百里酚蓝，溶于 500mL 无水乙醇中，滴加少量 NaOH 溶液调至黄色，在不同 pH 值溶液中的颜色如下：

pH 值	2	4	6	8	10
颜色	红	橙	黄	绿	蓝

通用酸碱指示剂 C 的配方是：0.05g 甲基橙、0.15g 甲基红、0.3g 溴百里酚蓝和 0.35g 酚酞，溶于 66%酒精中，在不同 pH 值溶液中的颜色如下：

pH 值	<3	4	5	6	7	8	9	10	11
颜色	红	橙红	橙	黄	黄绿	绿蓝	蓝	紫	红紫

(2) 使用方法：与石蕊试纸使用基本方法相同。不同之处在于 pH 试纸变色后要和标准色板进行比较，方能得出 pH 值或 pH 值范围。

3. 醋酸铅试纸

用于定性检验反应中是否有 H_2S 气体产生（即溶液中是否有 S^{2-} 存在）。

(1) 制备方法：将滤纸浸入 3% $Pb(Ac)_2$ 溶液中，取出后在无 H_2S 处晾干，裁剪成条。

(2) 使用方法：将试纸用去离子水润湿，加酸于待测液中，将试纸横置于试管口上方，如有 H_2S 逸出，遇润湿 $Pb(Ac)_2$ 试纸后，即有黑色（亮灰色）PbS 沉淀生成，使试纸呈黑褐色并有金属光泽。

$$Pb(Ac)_2 + H_2S \longrightarrow PbS(黑色)\downarrow + 2HAc$$

4. 碘化钾-淀粉试纸

用于定性检验氧化性气体（如 Cl_2，Br_2 等）。其原理是：

$$2I^- + Cl_2(Br_2) \longrightarrow I_2 + 2Cl^-(2Br^-)$$

I_2 和淀粉作用呈蓝色。如气体氧化性很强且浓度较大，还可进一步将其氧化成 IO_3^-（无色），使蓝色褪去：

$$I_2 + 5Cl_2 + 6H_2O \longrightarrow 2HIO_3 + 10HCl$$

(1) 制备方法：将 3g 淀粉与 25mL 水搅匀，倾入 225mL 沸水中，加 1g KI 及 1g $Na_2CO_3 \cdot 10H_2O$，用水稀释至 500mL，将滤纸浸入，取出晾干，裁成纸条即可。

(2) 使用方法：先将试纸用去离子水润湿，将其横在试管口的上方，如有氧化性气体（Cl_2，Br_2），则试纸变蓝。

使用试纸，要注意节约，除把试纸剪成小条外，用多少取多少。取用后马上盖好瓶盖，以免试纸被污染变质。用后的试纸要放在废固缸（桶）内，不要丢在水槽内，以免堵塞下水道。

十、气体的制备、收集、净化和干燥

1. 气体的制备

在实验室制备气体，可以根据反应原料的状态及反应条件，选择不同的反应装置进行制备。

(1) 启普发生器：启普发生器适用于块状或大颗粒的固体与液体试剂进行反应，在不需要加热的条件下来制备气体（如 H_2、CO_2、H_2S 等气体的制备）。它主要由一个葫芦状的厚壁玻璃容器（底部扁平）和球形漏斗组成。在启普发生器的下侧部有一个用磨口塞或橡胶塞塞紧的酸液出口（用铁丝捆紧塞子）。启普发生器中上部有一个气体出口，通过橡胶塞与带有玻璃活塞的导气管连接（图 3-37）。

移动启普发生器时，应用两手握住球体下部，切勿只握住球形漏斗，以免葫芦状容器掉落而摔碎。

① 装配。在球形漏斗颈和玻璃旋塞磨口处涂一薄层凡士林油，插好球形漏斗和玻璃旋塞，转动几次，使其严密。

② 检查气密性。开启旋塞，从球形漏斗口注水至充满葫芦状容器的半球体时，关闭旋塞。继续加水，待水从漏斗管上升到漏斗球体内，停止加水。在水面处做一记号，静置片刻，如水面不下降，证明不漏气，可以使用。

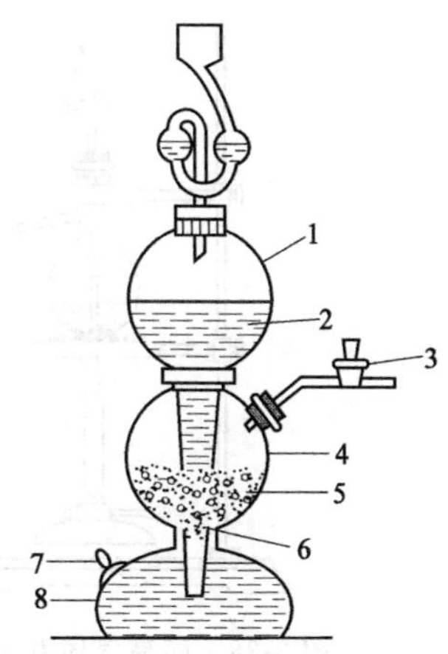

图 3-37　启普发生器

1—球形漏斗；2—酸；3,7—旋塞；4—葫芦状容器；5—固体试剂；6—玻璃棉；8—液体出口

③ 加试剂。在葫芦状容器的球体下部先放些玻璃棉（或橡胶垫圈），然后由气体出口加入固体药品，再从球形漏斗加入适量稀酸（约 6mol/L）。玻璃棉（或橡皮垫圈）的作用是避免固体掉入半球体底部。加入固体的量不宜过多，以不超过中间球体容积的 1/3 为宜，否则固液反应激烈，气体很容易带着酸液从导管冲出。

④ 发生反应。使用时，打开旋塞，由于中间球体内压力降低，酸液即从底部通过狭缝进入中间球体与固体接触而产生气体。停止使用时，关闭旋塞，由于中间球体内产生的气体增大压力，就会将酸液压回球形漏斗中，使固体与酸液不再接触而停止反应。下次再用时，只要打开旋塞即可。使用非常方便，还可通过调节旋塞来控制气体的流速。

⑤ 添加或更换试剂。发生器中的酸液长久使用会变稀。换酸液时，可先用塞子将球形漏斗上口塞紧，然后把液体出口的塞子拔下，让废酸缓缓流出后，将葫芦状容器洗净，再塞紧塞子，向球形漏斗中加入酸液。需要更换或添加固体药品时，可先把导气管旋塞关好，让酸液压入半球体后，用塞子将球型漏斗上口塞紧，再把装有玻璃旋塞的橡皮塞取下，更换或添加固体药品。

实验结束后，将废酸倒入废液缸内（或回收），剩余固体（如锌粒、碳酸钙）倒出洗净回收。仪器洗涤后，在球形漏斗与球形容器连接处以及在液体出口和玻璃塞之间夹一纸条，以免时间过久，磨口黏结在一起而拔不出来。

(2) 简易气体发生装置：当制备反应需要加热，或固体反应物为小颗粒或粉末时（如制备 HCl、Cl_2、SO_2 等气体），就不能使用启普发生器，而应选用简易气体发生装置（此装置也可用于块状或大颗粒固体产生气体），如图 3-38 所示。

安装时将固体放在烧瓶中，酸液倒入滴液漏斗里。使用时打开滴液漏斗的旋塞，使酸液滴加到固体反应物上，产生气体。如反应过于缓慢，可微加热。若加热一段时间后反应变缓甚至停止时，表明需要更换试剂。

(3) 硬质玻璃试管制备气体装置：利用固体反应物热分解制备气体（如制备 O_2、NH_3 等）的实验装置（图 3-39）。操作前先把硬质玻璃试管烘干，冷却后装入所需试剂，然后用铁夹固定在铁架台高度适宜的位置上，注意使管口稍向下倾斜（为什么?）。装好橡胶塞及气体导管。点燃酒精灯，先用小火将试管均匀预热，再放到有试剂的部位加热进行反应，制备气体。

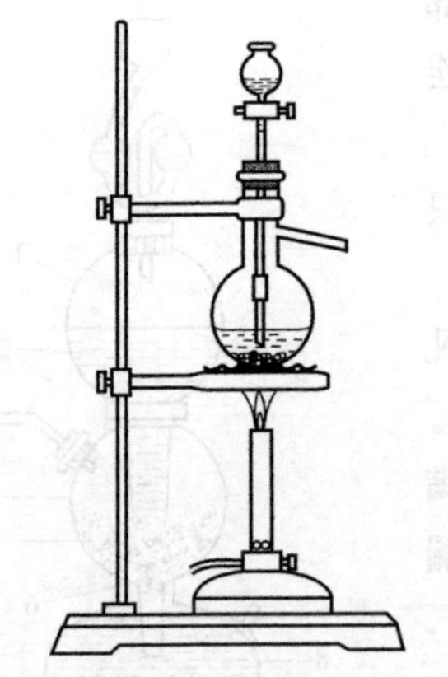

图 3-38　简易气体发生装置

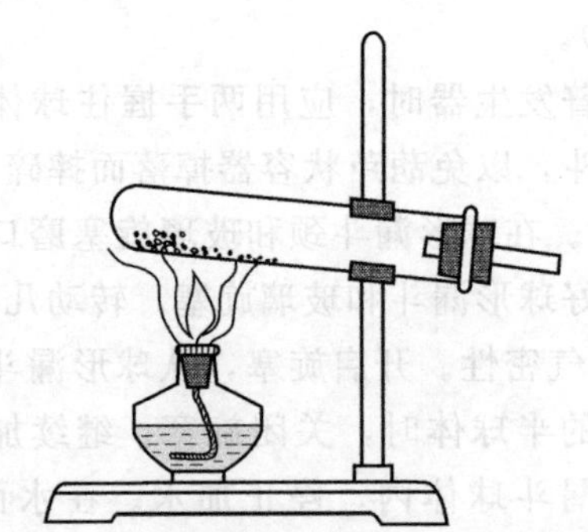

图 3-39　硬质玻璃试管制备气体装置

2. 气体的收集

根据气体在水中的溶解情况，一般采用下列两种方法收集（图 3-40）。

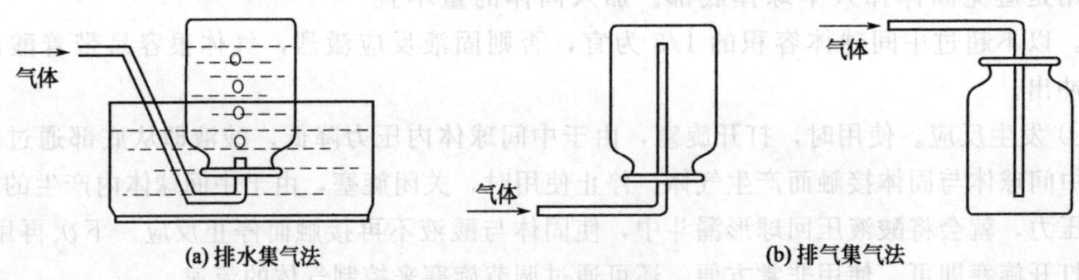

图 3-40　气体的收集

（1）排水集气法：适用于在水中溶解度很小的气体（如 H_2、O_2、N_2 等）的收集。操作时应注意集气瓶先装满水，不能留有气泡（为什么?）。如果制备反应需要加热，当气体收集满以后，应先从水中移出导气管再停止加热（为什么?）。

（2）排气集气法：适用于易溶于水的气体。比空气轻的气体（如 NH_3 等）可采用瓶口向下排气集气法；比空气重的气体（如 Cl_2、HCl、SO_2 等）可采用瓶口向上排气集气法。排气集气法操作时应注意导气管尽量接近集气瓶的底部（为什么?）。密度与空气接近或在空气中易氧化的气体（如 NO 等）不宜用此方法收集。

3. 气体的净化与干燥

在实验室通过化学反应制备的气体一般都带有水汽甚至酸雾等杂质，纯度达不到要求，应该进行净化。通常选用某些液体或固体试剂，分别装在洗气瓶、吸收干燥塔或U形管等装置中（图 3-41），通过化学反应或者吸收、吸附等物理化学过程将杂质去除，达到净化的目的。

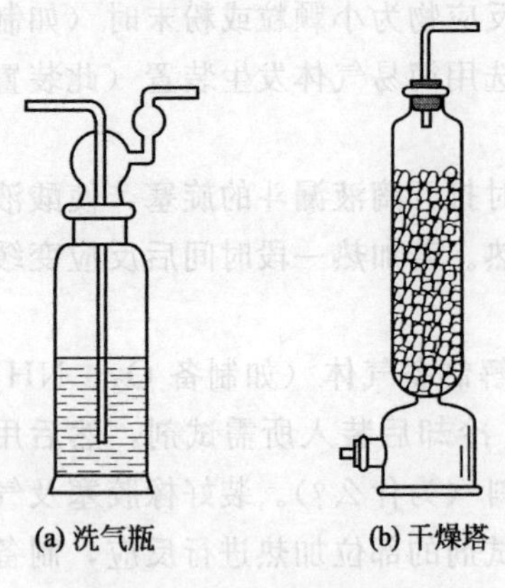

图 3-41　洗气瓶和干燥塔

由于制备气体本身的性质及所含杂质的不同，净化方法也有所不同。一般步骤是先除去杂质与酸雾，再干燥气体。

用水或玻璃棉可以除去酸雾；对于还原性杂质，选择适当氧化性试剂除去，如 SO_2、H_2S、AsH_3 杂质经过

$K_2Cr_2O_7$ 与浓 H_2SO_4 组成的铬酸溶液或 $KMnO_4$ 与 KOH 组成的碱性溶液洗涤而除去；对于氧化性杂质，可选择适当的还原性试剂除去，像 O_2 杂质可通过灼热的还原 Cu 粉，或通入 $CrCl_2$ 的酸性溶液或 $Na_2S_2O_4$（保险粉）溶液除去。对于酸性、碱性的气体杂质宜分别选用碱、不挥发性酸液除去（如 CO_2 可用 NaOH；NH_3 可用稀 H_2SO_4 等）。此外，许多化学反应都可以用来除去某些气体杂质，如选择石灰水溶液除去 CO_2，用 KOH 溶液除去 Cl_2，用 $Pb(NO_3)_2$ 溶液除去 H_2S 等。

除去气体杂质以后，还需要将气体干燥。不同的气体应根据其特性选择不同的干燥剂，如具有碱性的和还原性的气体（NH_3、H_2S 等）不能用浓 H_2SO_4 干燥。常用的气体干燥剂如表 3-2 所示。

表 3-2　常用气体干燥剂

干燥剂	适用干燥的气体
CaO、KOH	NH_3、胺类
碱石灰	NH_3、胺类、O_2、N_2（同时可除去气体中的 CO_2 和酸气）
无水 $CaCl_2$	H_2、O_2、N_2、HCl、CO_2、CO、SO_2、烷烃、烯烃、氯代烷、乙醚
$CaBr_2$	HBr
CaI_2	HI
浓 H_2SO_4	O_2、N_2、Cl_2、CO_2、CO、烷烃
P_2O_5	O_2、N_2、H_2、CO、CO_2、SO_2、乙烯、烷烃

十一、酸度计的使用

酸度计也称 pH 计，是一种通过测量电势差来测定水溶液 pH 值的仪器，除测量水溶液的酸度外，还可以粗略地测量氧化还原电对的电极电势及配合电磁搅拌器进行电位滴定等。实验室常用的酸度计型号有雷磁 25 型，pHS-2 型和 pHS-3 型等。它们的原理相同，只是结构和精密度不同。下面主要介绍 pHS-2 型酸度计。

1. 基本原理

酸度计测 pH 值的方法是电位测定法，除了测量水溶液的酸度外，还可以测量电池电动势。酸度计主要是由参比电极（饱和甘汞电极）、测量电极（玻璃电板）和精密电位计三部分组成。

饱和甘汞电极（图 3-42）：由金属汞、氯化亚汞和饱和氯化钾溶液组成，电极反应如下：

$$Hg_2Cl_2 + 2e^- \longrightarrow 2Hg + 2Cl^-$$

饱和甘汞电极的电极电势不随溶液的 pH 变化而变化，在一定的温度和浓度下为定值，在 25℃时为 0.241V，但与氯离子浓度有关。

玻璃电极（图 3-43）：玻璃电极的电极电势随溶液 pH 值的变化而改变。它的主要部分是头部的玻璃球泡，由特殊的敏感玻璃膜构成。薄玻璃膜对氢离子有敏感作用，当它浸入被测溶液内，被测溶液的氢离子与电极玻璃球泡表面水化层内的氢离子进行离子交换，玻璃球泡内层也同样产生电极电势。由于内层氢离子浓度不变，而外层氢离子浓度在变化。因此，内外层的电势差也在变化，所以该电极电势随待测溶液的 pH 不同而改变。

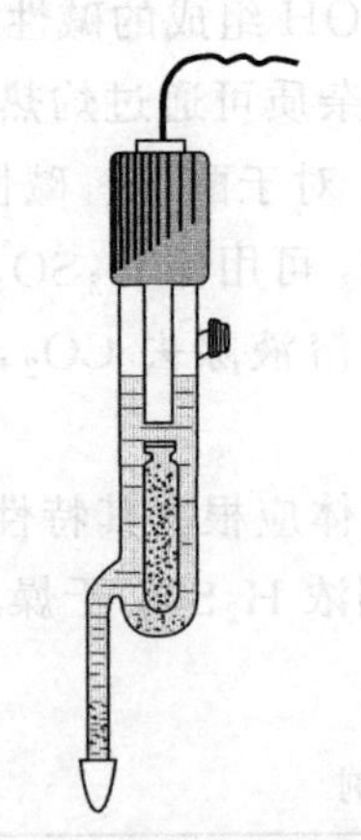

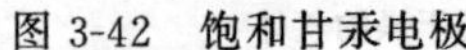

图 3-42 饱和甘汞电极

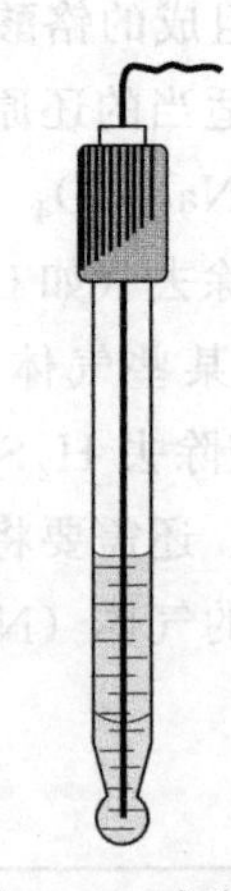

图 3-43 玻璃电极

$$E_{玻}=E_{玻}^{\ominus}+0.0592\lg[H^{+}]=E_{玻}^{\ominus}-0.0592\ pH$$

将玻璃电极和饱和甘汞电极一起浸入被测溶液中组成电池，并连接精密电位计，即可测定电池电动势 E。在 25℃时，

$$E=E_{正}-E_{负}=E_{甘汞}-E_{玻}=0.241-E_{玻}^{\ominus}+0.0592\ pH$$

整理上式得

$$pH=(E+E_{玻}^{\ominus}-0.241)/0.0592$$

其中，$E_{玻}^{\ominus}$可以由测定一个已知 pH 值的缓冲溶液的电动势求得。

由上可知，酸度计的主体是精密电位计，用来测量电池的电动势，为了省去计算手续，酸度计把测得的电池电动势直接用 pH 刻度值表示出来。因而从酸度计上可以直接读出溶液的 pH 值。

2. pHS-2 型数显酸度计

pHS-2 型数显酸度计是实验室用于测量水溶液 pH 值的高精度仪器，具有测量 pH 值、电压（mV）双重功能（图 3-44）。

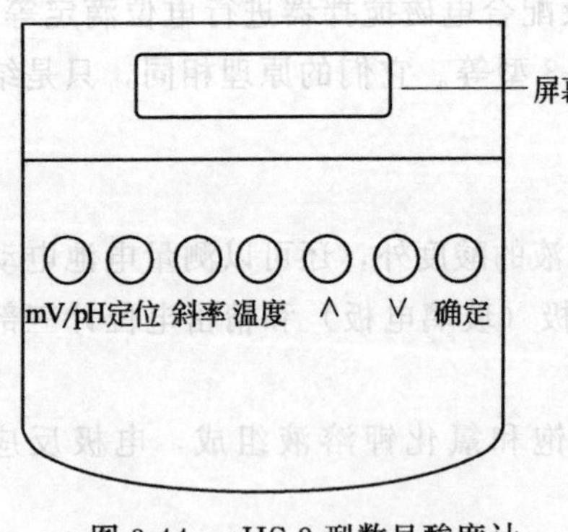

图 3-44 pHS-2 型数显酸度计

3. 操作步骤

（1）准备工作：

① 按量剂来配制标准缓冲溶液。

② 新的、久置不用后重新启用的电极，使用前应先在 3.3mol/L 氯化钾溶液中浸泡 2h 以上。

③ 用去离子水清洗电极，再用滤纸吸干，排去球泡内的空气（用手握住电极帽，使球泡部分向下，另一只手轻轻弹击电极管，空气即会上升）。

（2）pH 标定：

① 打开仪器电源开关，连接好电极。

② 温度调节：按“温度”键，进入温度设置状态，通过“∨∧”键，调节温度，按“确定”键保存。

③ 定位标定：取出电极，用去离子水清洗干净，用滤纸吸干，再把电极插入 pH=6.86

的标准缓冲溶液中，按“定位”键，pH 指示灯闪烁，通过“∨∧”键调节使仪器显示的 pH 值与该溶液在此温度下（按“温度”键查看此时该溶液的温度）的标准值一致（表 3-3）。按“确定”键保存。

表 3-3 缓冲溶液的 pH 值与温度关系对照表

温度/℃	pH 值		
	邻苯二甲酸氢钾	中性磷酸盐	硼砂
5	4.01	6.95	9.39
10	4.00	6.92	9.33
15	4.00	6.90	9.27
20	4.01	6.88	9.22
25	4.01	6.86	9.18
30	4.02	6.85	9.14
35	4.03	6.84	9.10
40	4.04	6.84	9.07
45	4.05	6.83	9.04
50	4.06	6.83	9.01
55	4.08	6.84	8.99
60	4.10	6.84	8.96

④ 斜率标定：取出电极，用去离子水清洗干净，用滤纸吸干，把电极插入 pH＝4.00（或 pH＝9.18）的标准溶液中，按“斜率”键，pH 指示灯闪烁，通过“∨∧”键调节使仪器显示的 pH 值与该溶液在此温度下的标准值一致（表 3-3）。按“确定”键保存。

⑤ 重复③～④过程，操作至仪器无误差，标定结束。注：如果标定中发生混乱，按住“确定”键开机，工厂初始化，恢复所有初始值。

斜率标定选用何种标准缓冲溶液，视被测液的 pH 值而定。斜率标定溶液应与被测液 pH 值相近。

第四章 实验数据处理

一、测量中的误差

在化学实验中，常常需要测量各种物理量和参数。实际测量不仅要经过很多的操作步骤、使用各种测量仪器，还要受到操作者本身各种因素的影响，因此不可能得到绝对正确的结果，即测量值和真实值之间或多或少有一些差距，这些差距就是误差。同一个人在相同的条件下，对同一试样进行多次测定，所得结果也不完全相同。这表明，误差是普遍存在的。因此了解误差产生的原因，尽量减少误差，才能使测量结果尽量接近客观真实值。

1. 误差与偏差

(1) 准确度和误差：准确度是指测定值与真实值之间的偏离程度，两者差值越小，测量结果的准确度越高。准确度常用误差来表示。误差有绝对误差和相对误差，其表示方法为：

$$绝对误差(E)=单次测量值(x_i)-真实值(x_t)$$

$$相对误差(E_r)=(绝对误差/真实值)\times 100\%$$

$$=[(x_i-x_t)/x_t]\times 100\%$$

绝对误差的单位与被测量的单位相同，误差的大小与被测量的大小无关，因此只能显示出误差变化的范围，不能确切地表示测量精度。相对误差表示误差在测量结果中所占的百分率，相对误差与被测量的大小及误差的值都有关。相对误差量纲为一，不同被测量的相对误差可以相互比较。因此，相对误差更能确切反映各种情况下测定结果的准确度。例如，真实质量为 0.1000g 的试样，称量值为 0.1020g，则

$$绝对误差=0.1020g-0.1000g=0.0020g$$

又如真实质量为 1.0000g 的试样，称量值为 1.0020g，则

$$绝对误差=1.0020g-1.0000g=0.0020g$$

从上例可知，同为 0.0020g 的绝对误差，但由于被称量物体的质量不同，相对误差即绝对误差所占的百分率也就不同。显然，被称量物体的质量越大，相对误差就越小，测量的准确度也就越高。因而用相对误差来反映测量结果的准确度比用绝对误差更为合理。

绝对误差和相对误差都有正值和负值，正值表示测量结果偏高，负值表示测量结果偏低。

在实际工作中，真实值往往不能得知，无法说明准确度的高低，因此有时用精密度来说明测量结果的好坏。

(2) 精密度和偏差：精密度是指在相同条件下多次测量结果的一致程度，即再现性（重

复性)。精密度可用偏差来表示。偏差越小，说明测量结果的精密度越高。偏差与误差一样，也有绝对偏差和相对偏差之分。绝对偏差 d 为某单次测量结果 x 和 n 次测量结果的平均值 $\overline{x}$ 之差。

设一组多次平行测量的数据为 $x_1, x_2, \cdots, x_n$，则

$$\text{平均值}\ \overline{x}=(x_1+x_2+\cdots+x_n)/n$$

$$\text{绝对偏差}\ d_1=x_1-\overline{x}, d_2=x_2-\overline{x}, \cdots, d_n=x_n-\overline{x}$$

相对偏差为测量的绝对偏差在 n 次测量结果的平均值 $\overline{x}$ 中所占的比例。

$$\text{单次测量值的相对偏差}\ d_r=d_i/\overline{x}\times 100\%$$

为了更好地说明测量结果的精密度，可以用平均偏差和相对平均偏差表示：

$$\text{平均偏差}\ \overline{d}=(|d_1|+|d_2|+\cdots+|d_n|)/n$$

$$\text{相对平均偏差}\ \overline{d}_r=\overline{d}/\overline{x}\times 100\%$$

评判测量结果的好坏，必须从准确度和精密度两方面考虑。精密度是保证准确度的先决条件，如果精密度很差，所得结果不可靠，自然失去衡量准确度的前提。

2. 误差的种类及产生的原因

(1) 系统误差：又称可测误差，是指测定过程中某些固定原因所造成的误差，它对测量结果的影响比较恒定，会在同一条件下的多次测定中重复出现，使测量结果系统地偏高或偏低。造成系统误差的原因有以下几种：

① 方法误差：指由测量方法不够完善而引起的误差。如指示剂选择不当等导致实验结果偏高或偏低。

② 仪器误差：指仪器未经校正而引起的误差。如使用滴定管、移液管、容量瓶等玻璃器皿未经校正等造成的误差。

③ 试剂误差：指所用的试剂或去离子水含有微量杂质或干扰测定的物质而引起的误差。

④ 个人误差：指操作者本身的主观因素造成的误差。如有的人对某种颜色的辨别特别敏锐或迟钝，读数时眼睛的位置习惯性偏高或偏低等。

(2) 随机误差：又称偶然误差，是由于测量过程中一些难以控制和预见的因素随机变动而引起的误差。如测量时的温度、大气压的微小波动，个人一时辨别的差异，在估计最后一位数值时几次读数不一致等。由于引起的误差有随机性，所以误差是可变的，数值有时大，有时小，而且有时是正误差，有时是负误差。在各种测量中，随机误差是不可避免的，通常可采用"多次测定取平均值"的方法来减小随机误差。

系统误差是测量中误差的主要来源，影响测量结果的准确度。随机误差则影响测量结果的精密度。

(3) 过失：除了上述两类误差外，还存在由于操作者工作粗枝大叶、不遵守操作规程等原因而造成的过失，如加错试剂、看错读数、记录出错等。如果确知有过失，则在计算平均值时应剔除该次测量的数据。通常只要操作者加强责任感，对工作认真细致，过失是完全可以避免的。

3. 提高测量结果准确度的方法

在测量过程中，提高准确度的关键是尽可能地减少系统误差。可以选择合适的方法，测量前对仪器校正，使用标准试样或修正计算公式来消除。认真仔细地进行多次测量，取其平均值作为测量结果，可以减少随机误差，提高精密度。

(1) 选择合适的实验方法：根据实验结果准确度的要求，选择不同的实验方法。例如在

分析化学中，依据试样中有效成分含量的高低，要选择不同的分析方法。通常试样的含量大于 1% 时，可以选用容量分析法和重量分析法，这些方法的准确度可以达到相对误差≤0.1%；当试样的含量小于 1% 时，采用仪器分析方法，准确度可以达到相对误差≈±2%。

(2) 减小测量误差：容量分析方法的主要误差来源是称量误差和滴定误差。减小称量误差和滴定误差，保证容量分析方法有足够的准确度（即相对误差≤0.1%），要求试样的称样量或者试液的滴定消耗体积不得低于一个最小值。

对于滴定误差，读取一个体积至少产生±0.02mL 的误差，因此滴定所消耗的最小体积是

$$\pm 0.02\text{mL}/V_{\min}\times 100\% \leqslant \pm 0.1\%$$

$$V_{\min}\geqslant 20\text{mL}$$

对于称量误差，读取一个质量至少产生±0.0002g 的误差，因此称量所需的最小质量为

$$\pm 0.0002\text{g}/m_{\min}\times 100\% \leqslant \pm 0.1\%$$

$$m_{\min}\geqslant 0.2\text{g}$$

由此可知，容量分析中，称样量不得少于 0.2g，滴定消耗体积不得低于 20mL，才能保证分析误差小于±0.1%。

(3) 校正测量仪器和测量方法：测量前，要根据实验结果对准确度的要求选择适当的校正方法。例如，对于产品质量等级的鉴定，要用国家标准方法与选用的测量方法相比较，以校正所选用的测量方法。

对准确度要求较高的测量，要对选用的仪器，如天平砝码、滴定管、移液管、容量瓶、温度计等进行校正。但当准确度要求不高时（如允许相对误差<1%），正常工作的仪器、器具的精度能够满足实验的要求，一般不必校正仪器。

(4) 空白实验：在同样测定条件下，用蒸馏水代替试液，用同样的方法进行实验的一种方法。其目的是消除由试剂（或蒸馏水）和仪器带进杂质所造成的系统误差。

(5) 对照实验：用已知准确成分或含量的标准试样代替待测试样，在同样的测定条件下，用同样的方法进行测定的一种方法。其目的是判断试剂是否失效，反应条件是否控制适当，操作是否正确，仪器是否正常等。

对照实验也可以用不同的测定方法，或由不同单位、不同人员对同一试样进行测定来互相对照，以说明所选方法的可靠性。

是否善于利用空白实验、对照实验，是分析问题和解决问题能力大小的主要标志之一。

(6) 增加平行测定次数，减小随机误差：随机误差可正、可负、可大、可小，但是它完全遵循统计规律。按照概率统计的规律，如果测定的次数足够多，取各种测定结果的平均值时，该平均值就代表真实值。

二、数据的记录和有效数字

1. 数据的记录

化学中的测量数据，既包含量的大小、误差，又能反映出仪器的精密度，因而是具有物理意义的数值，与数学上的纯数值有很大区别。例如在数学上，我们不关心 2.75 和 2.7500 的区别。但是在化学实验中，决不能将 2.75g 与 2.7500g 等同。这不仅仅反映出测量误差不同（±0.01g，±0.4%与±0.0001g，±0.004%），而且说明所用仪器的精密度差别很大。

对于台秤和天平等衡器，仪器的精密度用仪器的灵敏度和示值变动性表示。对于量筒、滴定管、移液管等量器，仪器的精密度用量取液体的平均偏差或相对平均偏差表示。表 4-1 中是常用仪器的精密度及数据表示形式的示例。

表 4-1　常用仪器的精密度及数据表示形式

仪器名称	仪器精密度/g	记录数据示例	有效数字
托盘天平	0.1	(15.6±0.1)g	3 位
1/100 天平	0.01	(15.61±0.1)g	4 位
电子天平	0.0001	(7.8125±0.0001)g	5 位
仪器名称	平均偏差/mL	记录数据示例	有效数字
10mL 量筒	0.1	(9.0±0.1)mL	2 位
100mL 量筒	1	(19±1)mL	2 位
仪器名称	相对平均偏差/%	记录数据示例	有效数字
25mL 移液管	0.2	(25.00±0.05)mL	4 位
50mL 滴定管	0.2	(50.00±0.10)mL	4 位
100mL 容量瓶	0.2	(100.0±0.2)mL	4 位

在读取质量数据时，正确记录至最小的分度值，若标线在两条最小分度值之间，按四舍五入修约。在读取体积数据时，一般应在最小刻度后再估读一位。例如，常用的滴定管最小的刻度是 0.1mL，读取数据为 21.34mL，其中前三位数是准确读取的，第四位数为存疑数据，有人可能估读为 5 或 3。前面的准确数字连同最后一位存疑数字统称为有效数字。因此，在记录测量数据时，任何超过或低于仪器精确程度的有效位数的数字都是不恰当的。如果在台秤上称得某物质量为 7.8g，不可记为 7.800g，在分析天平称得某物质量恰为 7.8000g，亦不可记为 7.8g，因为前者夸大了仪器的精确度，后者缩小了仪器的精确度。

表示误差时无论是绝对误差还是相对误差，只取一位有效数字。记录数据时，有效数字的最后一位与误差的最后一位在位数上相对齐。例如：2.67±0.01 是正确的，而 2.672±0.01 和 2.7±0.01 都是错误的。

2. 有效数字

在科研工作中，我们经常会遇到两类数字。一类叫精确数字，指准确无误的数字或者是规定数值的数字。另一类是通过实验获得的数据，称为不精确数字，数值具有不确定性。有效数字用于表达和处理不精确数字，它是测量中实际能够测到的数字，是测定结果大小以及精度的真实记录。用有效数字表示的测定结果，除最后一位可疑外，其余各位数字都是确定无疑的。例如用托盘天平称取一点五克物质，应记为 1.5g，因为托盘天平的分度值是 0.2g。如果用分析天平准确称取一点五克物质，应记为 1.5000g，因为分析天平的精度为 0.0001g，除最后一位“0”可疑，其余 4 个数字都是确定无疑的。对于有效数字的最后一位可疑数字，通常理解为可能有正负 1 个单位的绝对误差。

(1) 有效数字的位数规则：

① 第一个非零数字前的零都不是有效数字；

② 整数末尾的零不一定是有效数字，为避免混乱，应根据测量精度将结果写成如下的形式：$a\times 10^n$ ($1\leqslant a<10$)；

③ 化学中经常遇到 pH、pM、lg*K* 等对数值，它们的有效数字位数仅仅取决于小数点

后面数字的位数。因为其整数部分实际上起定位作用，故不能作为有效数字。例如 pH 12.00，整数部分的 12 表示 [H^+] 是 10 的负 12 次方，只起到定位作用，有效数字是 2 位而不是 4 位，[H^+]$=1.0\times10^{-12}$mol/L。

有效数字的位数可以用下面几个数字来说明：

数 值	0.0056	0.0506	0.5060	56	56.0	56.00
有效数字位数	2位	3位	4位	2位	3位	4位

注意：精确数字视为具有无限多位有效数字。

(2) 有效数字的消约规则——四舍六入五成双：当尾数小于等于 4 时舍去，当尾数大于等于 6 时进位；要舍弃的那部分数字中，左边第一个数字为 5，5 后如果没有数字或都为 0，则 5 前面数字为偶数则舍，5 前面数字为奇数则入；若 5 后面有不为 0 的数字，则入。

例如把 0.415 和 0.785 修约为 2 位有效数字，则分别为 0.42 和 0.78。把 2.451 和 1.0501 修约为 2 位有效数字，则分别为 2.5 和 1.1。

(3) 有效数字的运算规则：

① 加减法：以小数点后位数最少的那个数据为基准来表示计算结果；

② 乘除法：以有效数字位数最少的那个数据为基准来表示计算结果；

③ 数值乘方或开方时，有效数字位数不变；

④ 进行对数计算时，对数尾数的位数应与真数的有效数字位数相同；

⑤ 计算中涉及常数、e 以及非测量值，如自然数、分数时，不考虑其有效数字的位数，视为准确数值。

为提高计算的准确性，在计算过程中可暂时多保留一位有效数字，计算完后再修约。

三、实验结果的数据表达和处理

从实验中得到大量的实验数据，将实验数据进行归纳、处理，才能合理表达，得出满意的实验结果。实验数据的处理方法主要有列表法和作图法。

1. 列表法

列表法是表达实验数据最常用的方法之一。列表时应注意以下几点：

(1) 每一表格应有表的序号、完备的名称等。

(2) 表格中每一行、每一列应标明名称和单位，并且尽可能用符号表示，如 V/mL，p/kPa，T/K 等，斜线后表示单位。

(3) 自变量与因变量要对应列表。记录数据应注意其有效数字的位数，小数点对齐。

(4) 直接测量的数据可与处理结果并列在一张表内，必要时，在表内或表外适当的位置注明处理结果或计算公式。

(5) 表格亦可表达实验方法、现象与反应式。

2. 作图法

作图法能简明、形象地表示出变量之间的变化趋势和一些重要特征，例如极大值、极小值、转折点、周期性等，便于进行分析研究。所以作图法在数据处理上也是一种重要的方法。

第二部分　实验内容

第五章 基本实验

实验一　仪器的认领、洗涤和干燥

一、实验目的

1. 熟悉化学基础实验室规则和要求；
2. 领取化学基础实验常用仪器并熟悉其名称、规格，了解使用注意事项；
3. 练习常用仪器的洗涤和干燥方法。

二、实验用品

1. 常用玻璃仪器

仪　器	常见规格	用　途	注意事项
称量瓶	分高型、矮型。 高型(mL)：10、20、25、40 矮型(mL)：5、10、15、30	准确称取一定量固体药品	不能加热；磨口盖子要配套；不用时应洗净，在磨口处垫上纸条

续表

仪　　器	常见规格	用　　途	注意事项
洗瓶	500mL	装蒸馏水洗涤仪器或洗涤沉淀物	不要装其他试剂
试管和离心试管	10mm× 100mm 15mm× 150mm 18mm× 180mm	用作少量试剂的反应容器。离心试管还可用于定性分析中的沉淀分离	试管可直接用火加热，但热后不能骤冷。离心试管只能用水浴加热
烧杯	50mL 100mL 200mL 500mL	常温或加热条件下作大量物质的反应容器；配制溶液用	反应液体不得超过烧杯容量的 2/3；加热时要将烧杯外壁擦干，置于石棉网上
量筒	10mL 25mL 50mL 100mL	粗略地量取一定体积的液体	不能加热，不能在其中配制溶液，不能在烘箱中烘烤
锥形瓶和碘量瓶	100mL 250mL	加热处理试样；滴定分析	加热时应置于石棉网上，一般不可烧干；碘量瓶加热时要打开瓶塞，磨口塞子要原配
容量瓶	50mL 100mL 250mL	配制准确浓度的溶液	不能代替试剂瓶用来存放溶液；一般不能烘烤，磨口塞要原配；玻璃活塞用完洗净后垫上纸条

续表

仪　器	常见规格	用　途	注意事项
移液管和吸量管	移液管 25mL 吸量管　1mL 5mL 10mL	准确量取各种不同量体积的溶液	不能加热；用时先用少量移取液润洗三次
酸式/碱式滴定管	25mL 50mL	用于常量分析	不能加热；酸式滴定管的活塞要原配，玻璃活塞用完洗净后垫上纸条。碱式滴定管不能长期存放碱液，不能存放与橡胶起作用的溶液
漏斗	长颈和短颈 ϕ60mm ϕ75mm	长颈漏斗用于定量分析，过滤沉淀；短颈漏斗用于一般过滤和热过滤	不能直接用火加热
布氏漏斗和抽滤瓶	布氏漏斗为瓷质，规格以直径(mm)表示； 抽滤瓶为玻璃质，规格按容量(mL)分，有 50、100、250、500	布氏漏斗：铺上滤纸，用于减压过滤	滤纸必须与漏斗底部吻合；过滤前应先用滤液将滤纸湿润
		抽滤瓶：减压过滤法接收滤液	属于厚壁容器能耐负压；不可加热
分液漏斗	有球形、梨形、筒形和锥形等 规格按容量(mL)：50、100、250、500	萃取、富集和分离两种不相溶的液体	磨口塞必须原配，不可加热，分液时上口塞要接通大气

续表

仪 器	常见规格	用 途	注意事项
酒精灯	150mL 250mL	加热用	酒精不能超过酒精灯容量的 2/3；用完盖上盖子灭火（盖上后，马上打开再盖上，以防以后打不开）
蒸发皿	瓷质，也有玻璃、石英、铂制品，有平底和圆底两种 规格按容量（mL）：80、120、200 等	浓缩液体用	加热结束后不要马上放在桌上或冰凉的地方，防止破裂
表面皿	45mm 65mm 75mm 90mm	盖烧杯上；放待干燥的固体物质	不能用火直接加热

2. 其他常用仪器

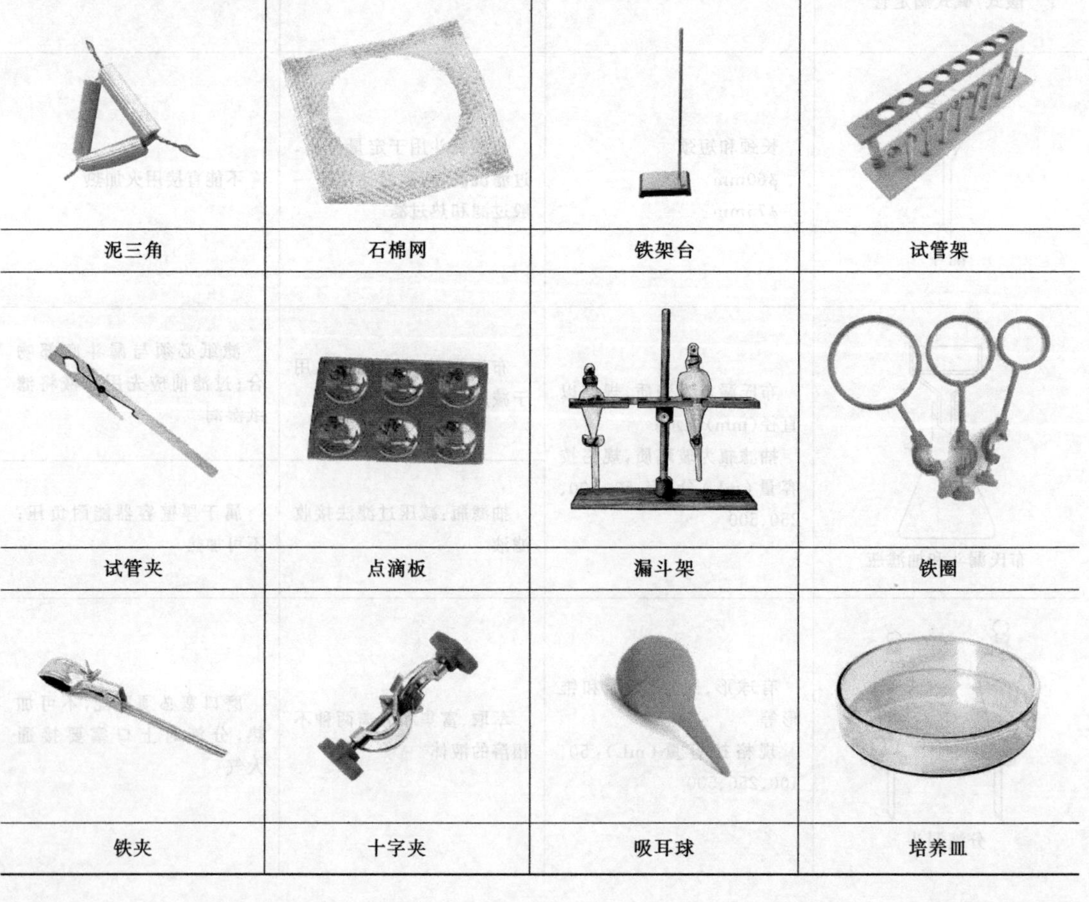

泥三角
石棉网
铁架台
试管架
试管夹
点滴板
漏斗架
铁圈
铁夹
十字夹
吸耳球
培养皿

续表

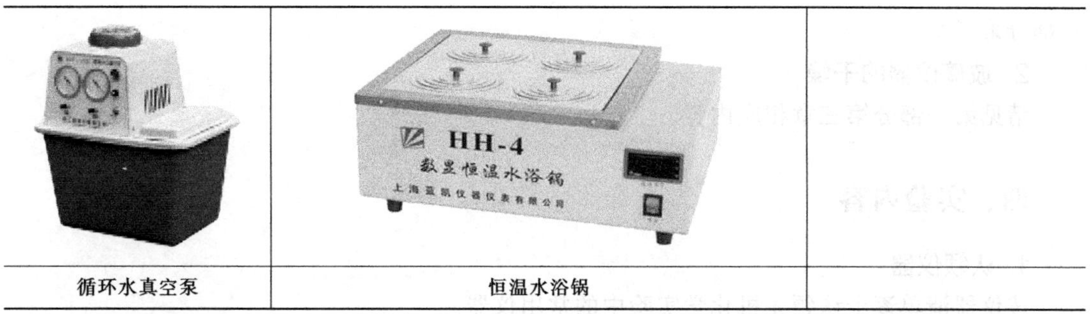

循环水真空泵	恒温水浴锅	

三、基本操作

1. 普通玻璃仪器的洗涤

（1）振荡水洗：注入少于一半的水，稍用力振荡后把水倒掉。照此连洗数次（图 1）。

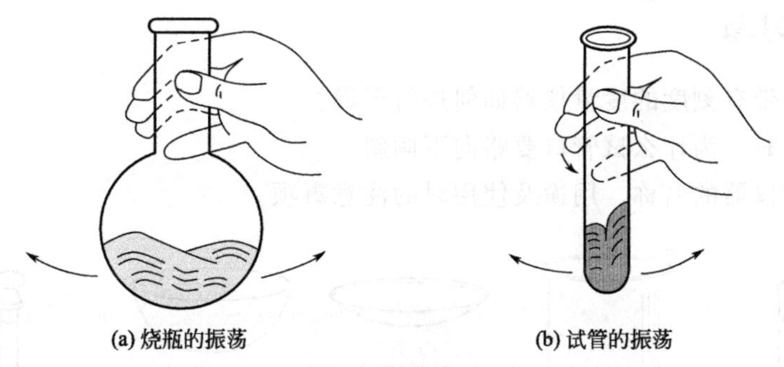

(a) 烧瓶的振荡　(b) 试管的振荡

图 1　振荡水洗

（2）内壁附有不易洗掉的物质，可用毛刷刷洗（图 2）。

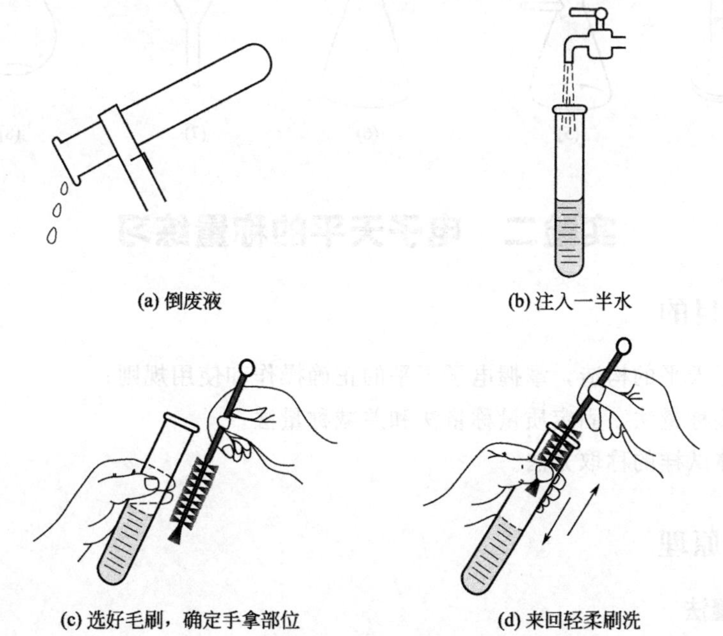

(a) 倒废液　(b) 注入一半水

(c) 选好毛刷，确定手拿部位　(d) 来回轻柔刷洗

图 2　毛刷刷洗

（3）刷洗后，再用水连续振荡数次，必要时还应用蒸馏水淋洗三次。洗净标准参见第一部分第三章。

2. 玻璃仪器的干燥

请见第一部分第三章相应内容。

四、实验内容

1. 认领仪器

按仪器清单逐个认领无机化学实验中的常用仪器。

2. 洗涤仪器

用洗衣粉或去污粉将领取的仪器洗涤干净，将洗净后的仪器合理存放于实验柜内。

3. 干燥仪器

烤干两支试管交给老师检查。

五、实验习题

1. 洗涤后的带有刻度的度量仪器如何进行干燥？
2. 烤干试管时，为什么试管口要略向下倾斜？
3. 指出下列仪器的名称、用途及使用时的注意事项。

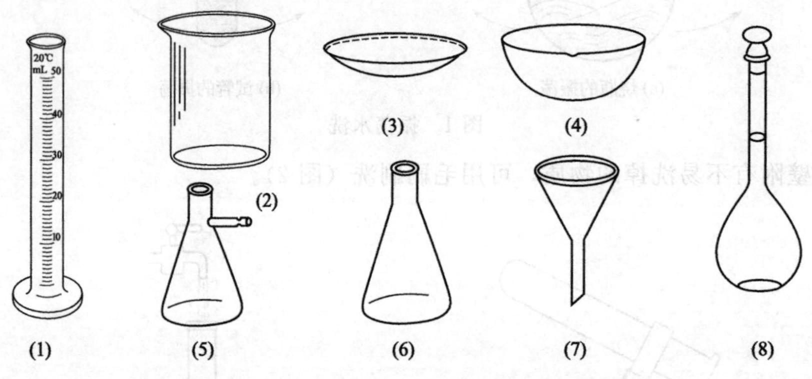

实验二　电子天平的称量练习

一、实验目的

1. 了解电子天平的构造，掌握电子天平的正确操作和使用规则；
2. 学会直接称量法、固定质量称量法和差减称量法；
3. 学习固体试样的称取方法。

二、实验原理

1. 直接称量法

此法是将称量物放在天平盘上直接称量物体的质量。

2. 固定质量称量法

此法又称增量法，只能用来称取不易吸湿且不与空气中各种组分发生作用、性质稳定的粉末状物质（最小颗粒应小于0.1mg，以便调节其质量），不适用于块状物质的称量。

3. 递减称量法

又称减量法，用于称量一定质量范围的样品或试剂，适用于一般的粒状、粉状试剂或试样及液体试样。由于称取试样的质量是由两次称量之差求得，故也称差减法。

三、实验用品

仪器：电子天平，称量瓶，小烧杯，药匙

材料：细砂

四、基本操作

1. 电子天平的使用
2. 称量瓶的使用
3. 试剂的取用

请见第一部分第三章相应内容。

五、实验内容

1. 固定质量称量法称量0.5000g砂样两份

（1）将洁净、干燥的小烧杯小心置于电子天平的秤盘中央，称出质量，记录称量数据。

（2）用药匙将试样慢慢加到小烧杯中，直到试样量达到0.5000g为止（称量误差范围＜±0.2mg），记录称量数据和试样的实际质量。

（3）按照同样的方法再称一份，记录称量数据，计算绝对误差。

注意：

① 当所加试样质量略小于欲称质量时，应小心地将盛有试样的药匙伸向器皿中心上方约2～3cm处，右手拿稳药匙，左手轻拍右手手腕，让试样慢慢抖入器皿中，使之与所需称量值相符，即可得一定质量的试样。

② 若不慎加入试剂超过指定质量，取出的多余试剂应弃去，不要放回原试剂瓶中。

③ 操作时不能将试剂散落于天平盘等容器以外的地方，称好的试剂必须定量地由小烧杯等容器直接转入接受容器。

另一简便方法：将器皿置于秤盘上，去皮，按上述操作进行即可。

2. 差减称量法称量0.3～0.4g砂样两份

（1）取一洁净、干燥的称量瓶，加入约1g细砂，准确称量，记下质量为m_1；

（2）用纸条套住称量瓶，用左手将其从天平中取出，右手以小块纸垫住瓶盖，打开，用瓶盖轻轻敲击称量瓶，转移试样0.3～0.4g于小烧杯中，然后准确称出称量瓶和剩余砂子的质量为m_2。

（3）计算转移出试样的准确质量$m=m_1-m_2$。

（4）按照同样的方法再称一份，记录称量数据，计算绝对偏差。

也可在第（1）步去皮、清零，然后重复后续操作即可。

注意：

① 当倾出的试样质量接近欲称质量时，在小烧杯的正上方把称量瓶慢慢竖起，同时用瓶盖继续轻轻敲击瓶口侧面，使黏附在瓶口的试样落入瓶内，盖好瓶盖，再将称量瓶放回秤盘上称量。

② 使用天平时要做到随手关门，读数时必须要关闭天平门，等数据稳定后再读数。

六、实验数据记录与处理

1. 固定质量称量法称量数据

称量次数	Ⅰ	Ⅱ
m(小烧杯)/g		
m(小烧杯＋试样)/g		
m(试样)/g		
绝对误差/mg		

2. 差减称量法称量数据

称量试样份数	Ⅰ	Ⅱ
m_1(称量瓶＋试样)起始/g		
m_2(称量瓶＋试样)最终/g		
m(减出试样)($=m_1-m_2$)/g		
绝对偏差/mg		

七、实验习题

1. 用电子天平称量的方法有几种？固定称量法和递减称量法各有何优缺点？
2. 在实验中记录称量数据要准确到小数点后几位有效数字？为什么？
3. 使用称量瓶时，如何保证试样不损失？

实验三　溶液的配制

一、实验目的

1. 学习移液管、容量瓶的使用方法；
2. 掌握溶液的配制方法和基本操作；
3. 了解特殊溶液的配制。

二、实验原理

正确地配制、合理地使用溶液是实验成败的关键因素之一。正确地配制溶液是指配制溶液要根据溶液浓度在精度上的要求，根据试剂与溶质的性质，合理选用试剂级别、试剂的预处理方法、称量方法、配制用量器和配制时的操作流程，以及溶液的储存保管方法。合理地使用溶液是指按具体实验的要求合理选择使用溶液，需要准确配制的溶液必须准确配制，该粗配的溶液则无需精确配制。例如，一般制备实验只需要粗配；而定量分析、反应规律的测定中，溶液浓度的准确度必须符合测量的要求。

配制饱和溶液时，所用试剂的量应稍多于计算量，加热使之溶解、冷却，待结晶析出后再用；配制易水解盐溶液时，应先用相应的酸溶液［如溶解 $SbCl_3$、$Bi(NO_3)_3$ 等］或碱溶液（如溶解 Na_2S 等）溶解，以抑制水解；配制易氧化的盐溶液时，不仅需要酸化溶液，还需加入相应的纯金属，使溶液稳定。例如，配制 $FeSO_4$ 溶液、$SnCl_2$ 溶液时，除了需加酸抑制水解，还需分别加入金属铁、金属锡防止氧化。配制好的溶液盛装在试剂瓶或滴瓶中，摇匀后贴上标签，注意标明溶液名称、浓度和配制日期。对于经常大量使用的溶液，可预先配制出比预定浓度约大 10 倍的储备液，用时再稀释。

溶液在配制时具体计算如下。

由固体物质配制：

$$m_{溶质}=cVM$$

式中 $m_{溶质}$——溶质的质量，g；

c——物质的量浓度，mol/L；

V——溶液体积，L；

M——摩尔质量，g/mol。

由已知物质的量浓度的溶液稀释：

$$V_{原}=c_{新}V_{新}/c_{原}$$

式中 $c_{新}$——稀释后溶液的物质的量浓度；

$V_{新}$——稀释后溶液体积；

$c_{原}$——原溶液的物质的量浓度；

$V_{原}$——原溶液的体积。

根据药品性质不同，配制溶液可分为粗略配制法和准确配制法。

1. 粗略配制法

有些药品在空气中不太稳定，易挥发、易潮解、易与空气中的 CO_2 反应等，如氢氧化钠、盐酸等，这类药品就不能准确配制。

(1) 固体药品的粗略配制：算出配制一定体积溶液所需固体试剂的质量，用台秤或精度不高的电子秤称量，倒入烧杯中，加入用量筒量取的少量蒸馏水，搅拌使固体完全溶解后，再用量筒量取剩余水量加入烧杯，搅拌混匀。然后将溶液移入试剂瓶中，贴上标签备用。

(2) 液体药品的粗略配制：算出配制一定物质的量浓度的溶液所需液体（或浓溶液）的用量，用量筒量取所需的液体（或浓溶液），倒入装有少量水的烧杯中混合，如果溶液放热，需冷却至室温后，再用量筒量取剩余水量加入烧杯，搅拌混匀，然后将溶液移入试剂瓶中，贴上标签备用。

2. 准确配制法

(1) 固体药品的准确配制：先算出配制给定体积准确浓度溶液所需固体试剂的用量，并在电子天平上准确称出质量，放在干净烧杯中，加适量蒸馏水使其完全溶解。将溶液转移到容量瓶（与所配溶液体积相应）中，用少量蒸馏水洗涤烧杯 2～3 次，洗涤液也移入容量瓶中，再加蒸馏水至标线处，盖上塞子，摇匀。然后将溶液移入试剂瓶中，贴上标签备用。

(2) 液体药品的准确配制：当用较浓的准确浓度的溶液配制较稀的准确浓度的溶液时，先计算用量，然后用洗净并润洗好的移液管吸取所需溶液注入给定体积的洁净的容量瓶中，再加蒸馏水至标线处，摇匀后，倒入试剂瓶，贴上标签备用。

三、实验用品

仪器：烧杯（50mL、100mL、500mL）、移液管（25.00mL）、容量瓶（250mL）、量筒、试剂瓶、电子天平（精度为0.1g、0.1mg）

固体药品：氢氧化钠、邻苯二甲酸氢钾、三氯化铁

液体药品（mol/L）：盐酸（6）、醋酸（2）

四、基本操作

1. 容量瓶的使用
2. 移液管的使用

请见第一部分第三章相应内容。

五、实验内容

1. 配制 500mL 0.1mol/L 盐酸溶液

用量筒量取6mol/L盐酸溶液________mL于500mL烧杯中，再用量筒量取________mL蒸馏水慢慢加到盐酸溶液中，用玻璃棒搅拌均匀后，转移至试剂瓶中，贴好标签备用。

2. 配制 500mL 0.1mol/L 氢氧化钠溶液

用台秤（或精度为0.1g的电子秤）称取________g氢氧化钠固体于一洁净干燥的小烧杯中，用量筒量取50mL蒸馏水溶解，转移到大烧杯中，继续加入450mL蒸馏水，用玻璃棒搅拌均匀后，转移至试剂瓶中，贴好标签备用。

3. 配制 250mL 0.2000mol/L 醋酸溶液

用一洁净的移液管移取已知准确浓度的醋酸________mL于250mL容量瓶中，往容量瓶中加蒸馏水至2/3容量时，将容量瓶沿水平方向摇晃使溶液初步混匀（注意：不能倒转容量瓶!），再继续加水至接近标线，最后用滴管慢慢滴加至溶液弯月面最低点恰好与标线相切。盖紧瓶塞，用食指压住瓶塞，另一只手托住容量瓶底部，倒转容量瓶，反复多次，使瓶内溶液充分混合均匀后，最后用少量配好的溶液润洗试剂瓶（少量多次），再把剩余配好的溶液装入试剂瓶中，贴好标签备用。

4. 配制 250mL 0.1000mol/L 邻苯二甲酸氢钾标准溶液

用电子天平准确称取4.0～6.0g邻苯二甲酸氢钾固体于一洁净干燥的小烧杯中，加入少量的蒸馏水溶解（若溶解较慢可稍加热，溶解后冷却），用玻棒引流到250mL容量瓶中，再用蒸馏水润洗小烧杯和玻棒（少量多次）并把润洗液转移到容量瓶中，往容量瓶中继续加蒸馏水，后续步骤同3。计算出邻苯二甲酸氢钾溶液的准确浓度，贴好标签，备用。

5. 配制 50mL 0.1mol/L 三氯化铁溶液（选做）

用台秤或简易电子秤称取________g三氯化铁固体于一洁净干燥的小烧杯中，用3mol/L盐酸溶液直接溶解至50mL，把配好的溶液统一倒入回收瓶。

注意：

① 每个同学自带三个干净的矿泉水瓶（分别用于装配好的盐酸、氢氧化钠和邻苯二甲酸氢钾溶液，醋酸溶液和三氯化铁溶液则统一回收）。

② 标签上要写明物质的名称和浓度、配制的日期、本人的姓名或学号。本实验所配制的盐酸、氢氧化钠和邻苯二甲酸氢钾溶液供实验四“滴定分析基本操作练习”使用，所配的醋酸溶液则供实验五“醋酸解离度和解离常数的测定”使用。

③ 容量瓶用完洗净后，一定要在塞子和瓶口之间垫上纸张，以防下次使用时塞子打不开。

④ 溶液不能从移液管上口倒出，只能从下端尖嘴放出。

六、实验数据记录与处理

1. HCl 溶液的配制

V(6mol/L HCl)/mL	$V_{蒸馏水}$/mL	V(0.1mol/L HCl)/mL
		500

2. NaOH 溶液的配制

m(NaOH)/g	$V_{蒸馏水}$/mL	V(0.1mol/L NaOH)/mL
		500

3. HAc 溶液的配制

项　　目	已知准确浓度的醋酸	准确配制后的醋酸
浓度 c/(mol/L)		
体积 V/mL		250.0

4. 邻苯二甲酸氢钾溶液的配制

$m(KHC_8H_4O_4)$/g	$V_{蒸馏水}$/mL	浓度 c/(mol/L)
	250.0	

5. 三氯化铁溶液的配制

$m(FeCl_3)$/g	V_{HCl}/mL	浓度 c/(mol/L)
	50	

七、实验习题

1. 用容量瓶配制溶液时，容量瓶要干燥吗？需要用被稀释的溶液润洗吗？为什么？
2. 怎样洗涤移液管，水洗后的移液管在使用前还要用吸取的溶液润洗吗？为什么？
3. 配制盐酸和氢氧化钠溶液时，为什么不用容量瓶定容？

实验四 滴定分析基本操作练习

一、实验目的

1. 学习和掌握滴定分析常用仪器的洗涤、使用及滴定操作技术；
2. 学习滴定管的准确读数，滴定终点的控制与正确判断；
3. 掌握用邻苯二甲酸氢钾标定氢氧化钠溶液的原理和方法。

二、实验原理

1. 固体氢氧化钠易吸收空气中的水分和二氧化碳，常含有Na_2CO_3，且含少量的硅酸盐、硫酸盐和氯化物，因此不能直接配制成准确浓度的溶液，只能配制成近似浓度的溶液，然后用基准物质标定，以获得准确浓度。盐酸因易挥发也不能配制成准确浓度的溶液。一般用邻苯二甲酸氢钾标准溶液标定氢氧化钠溶液，用碳酸钠标准溶液标定盐酸溶液，反应式为：

$$C_6H_4(COOK)(COOH) + NaOH \longrightarrow C_6H_4(COOK)(COONa) + H_2O$$

$$Na_2CO_3 + 2HCl = 2NaCl + CO_2\uparrow + H_2O$$

由反应可知，1mol（$KHC_8H_4O_4$）与1mol（NaOH）完全反应。到化学计量点时，溶液呈碱性，pH值约为9，可选用酚酞作指示剂，滴定至溶液由无色变为浅粉色，30s不褪色即为滴定终点。

甲基橙（MO）变色的pH值范围：3.1（红）～4.4（黄）；

酚 酞（PP）变色的pH值范围：8.0（无色）～9.6（红）。

2. 利用酸碱中和反应原理，用盐酸溶液滴定氢氧化钠溶液，以甲基橙为指示剂，滴定到溶液由黄色变橙色，即为滴定终点。

$$NaOH + HCl = NaCl + H_2O$$

化学计量点pH值：7.0；突跃范围pH值：4.3～9.7。

三、实验用品

仪器：烧杯（100mL），锥形瓶（250mL），酸式滴定管，碱式滴定管，试剂瓶，移液管。

液体药品：甲基橙指示剂，酚酞指示剂，氢氧化钠、盐酸和邻苯二甲酸氢钾溶液。（注：实验所需的药品溶液在实验三已配好，直接使用；若没配，则按实验三的方法配制即可。）

四、基本操作

酸碱滴定管的洗涤和使用

请见第一部分第三章相应内容。

五、实验内容

1. 用 0.1000mol/L 邻苯二甲酸氢钾标准溶液标定 NaOH 溶液

(1) 用 0.1mol/L NaOH 溶液润洗碱式滴定管 2～3 次，每次用 5～10mL 溶液。将 NaOH 溶液装入碱式滴定管中，调节滴定管液面至 0.00 刻度附近。

(2) 用移液管准确移取 25.00mL 邻苯二甲酸氢钾溶液于 250mL 锥形瓶中，加入 1～2 滴酚酞指示剂，用 NaOH 溶液滴定至溶液由无色变为浅粉色且 30s 不褪色为终点。准确记录滴定所用的 NaOH 溶液的体积。平行滴定 3 份。实验数据记录于后续实验数据记录表中。所消耗的 NaOH 溶液体积的最大差值要求不超过±0.04mL。

2. 用 0.1mol/L 盐酸溶液滴定 NaOH 溶液

(1) 用 0.1mol/L 盐酸溶液润洗酸式滴定管 2～3 次，每次用 5～10mL 溶液。将盐酸溶液装入酸式滴定管中，调节滴定管液面至 0.00 刻度附近。

(2) 用移液管准确移取 25.00mL NaOH 溶液于 250mL 锥形瓶中，加入 1～2 滴甲基橙指示剂，用盐酸溶液滴定至溶液由黄色变为橙色为终点。准确记录滴定所用的盐酸溶液的体积。平行滴定 3 份。实验数据记录于后续实验数据记录表中。所消耗盐酸溶液体积的最大差值要求不超过±0.04mL。

注意：

① 滴定管和移液管使用前都要再用相应的溶液润洗。

② 每次滴定都必须将酸、碱重新装至滴定管“0”刻度线附近。

③ 操作酸式滴定管时手要包着活塞，不能只用两个手指控制。

④ 滴定时注意控制滴速，不要成流水线，滴定过程中要时不时用蒸馏水冲洗锥形瓶内壁，快到终点时要采用半滴法。

⑤ 滴定开始和结束时滴定管尖嘴不能留有气泡，如果是滴定过程中发现有气泡要及时处理。

⑥ 体积读数要读至小数点后两位。

⑦ 指示剂本身为弱酸或弱碱，用量过多会产生误差，且高浓度的指示剂变色不灵敏，不可多用，1～2 滴即可。每次滴定时指示剂用量和终点颜色的判断都要相同。

⑧ 酸式滴定管若是玻璃活塞的，则使用完后必须把活塞擦干净并垫上纸条。若是聚四氟乙烯塞，则使用完后把活塞擦干净即可。

六、实验数据记录及处理

1. 邻苯二甲酸氢钾溶液标定 NaOH 溶液（酚酞指示剂）

滴定次数	1	2	3
$c_{邻苯二甲酸氢钾}$/(mol/L)			
$V_{邻苯二甲酸氢钾}$/mL	25.00	25.00	25.00
V_{NaOH}终读数/mL			
V_{NaOH}初读数/mL			
V_{NaOH}/mL			

续表

滴定次数	1	2	3
c_{NaOH}/mol/L			
c_{NaOH}平均值/(mol/L)			
相对偏差/%			
相对平均偏差/%			

2. HCl 溶液滴定 NaOH 溶液（甲基橙作指示剂）

滴定次数	1	2	3
V_{NaOH}/mL	25.00	25.00	25.00
V_{HCl}终读数/mL			
V_{HCl}初读数/mL			
V_{HCl}/mL			
c_{HCl}/(mol/L)			
c_{HCl}平均值/(mol/L)			
相对偏差/%			
相对平均偏差/%			

七、实验习题

1. 在滴定分析实验中，滴定管、移液管为何分别用滴定剂和要移取的溶液润洗？滴定使用的锥形瓶是否也要用被滴定剂润洗？为什么？

2. 每次滴定最好将滴定管的液面调至 0.00 刻度开始，为什么？滴定管、移液管、容量瓶是三种准确的容积量器，记录其体积时应记几位有效数字？

实验五　醋酸解离度和解离常数的测定

一、实验目的

1. 测定醋酸解离度和解离常数，加深对解离平衡的理解；

2. 学习使用 pH 计。

二、实验原理

醋酸（CH_3COOH 或 HAc）是弱电解质，在水溶液中存在以下解离平衡：

$$\mathrm{HAc} \rightleftharpoons \mathrm{H^+} + \mathrm{Ac^-}$$

$$c_0 \qquad 0 \qquad 0$$

$$c_0 - [\mathrm{H^+}] \quad [\mathrm{H^+}] = [\mathrm{Ac^-}]$$

$$K_a^{\ominus} = \frac{[\mathrm{H^+}][\mathrm{Ac^-}]}{[\mathrm{HAc}]} = \frac{[\mathrm{H^+}]^2}{c_0 - [\mathrm{H^+}]}$$

$$\alpha = \frac{[\mathrm{H^+}]}{c_0} \times 100\%$$

式中，c_0 为 HAc 的起始浓度，[H^+]、[Ac^-]、[HAc] 分别为 H^+、Ac^-、HAc 的平衡浓度；α 为解离度；$K_a^\ominus$ 为解离平衡常数。

当 $\alpha<5\%$，$c_0-[H^+]=c_0$，则

$$K_a^\ominus=\frac{[H^+]^2}{c_0}$$

根据以上关系，通过测定已知浓度的 HAc 溶液的 pH，就知道其 [H^+]，从而可以计算该 HAc 溶液的解离度和解离平衡常数。

三、实验用品

仪器：吸量管（10mL）、移液管（25mL）、烧杯（50mL）、容量瓶（50mL）、pH 计

液体药品（mol/L）：醋酸（0.2000，具体准确浓度由实验老师提前标定好）、缓冲溶液（pH＝6.86、pH＝4.00）

四、基本操作

pH 计的使用方法

见仪器说明书，如果型号相同可参考第一部分第三章相应内容。

五、实验内容

1. 配制不同浓度的醋酸溶液

用吸量管和移液管分别取 ①2.50mL、②5.00mL、③25.00mL 已知准确浓度的醋酸溶液，分别加入三个 50mL 容量瓶中，再用蒸馏水稀释至刻度，摇匀，计算这三个容量瓶中 HAc 溶液的准确浓度。

2. 测定醋酸溶液的 pH，计算醋酸的解离度和解离平衡常数

把以上三种不同浓度的醋酸和原醋酸溶液分别倒入四只洁净干燥的 50mL 烧杯中，按由稀到浓的次序，使用 pH 计测定 pH，并记录数据和室温。计算解离度和解离平衡常数，并将有关数据填入下表。

注意：

① 测 pH 值时一定要由稀到浓依次进行测定。

② 电极每次都要用蒸馏水冲洗干净，并用滤纸吸干。

六、实验数据记录及处理

溶液编号	c/(mol/L)	pH	[H^+]	α/%	解离平衡常数 $K_a^\ominus$	
					测定值	平均值
1						
2						
3						
4						

本实验测定的 $K_a^{\ominus}$ 在 $1.0\times10^{-5}\sim2.0\times10^{-5}$ 范围内合格（25℃的文献值为 1.76×10^{-5}）。

七、实验习题

1. 烧杯是否必须烘干？还可以怎样处理？
2. 测定 pH 时，为什么要按从稀到浓的次序进行？
3. 若改变所测醋酸溶液的温度，其解离度和解离平衡常数有无变化？
4. 已知 pH 值的有效数字只有 2 位，那么表格中 $[H^+]$、$K_a^{\ominus}$、α 的有效数字应保留几位？

实验六　粗盐的提纯

一、实验目的

1. 学会用化学方法提纯粗食盐；
2. 练习称量、溶解、常压过滤、减压过滤、蒸发浓缩、结晶、干燥等基本操作；
3. 熟悉产品纯度的检验方法。

二、实验原理

粗食盐中含有泥沙等难溶性杂质及 Ca^{2+}、Mg^{2+}、K^+、SO_4^{2-} 等可溶性杂质。难溶性杂质可用溶解、过滤的方法除去，Ca^{2+}、Mg^{2+}、SO_4^{2-} 等可溶性杂质可以通过加沉淀剂转化为难溶硫酸盐、碳酸盐沉淀，再过滤除去。K^+ 等其他可溶性杂质含量少，蒸发浓缩后不结晶，仍留在母液中。

三、实验用品

仪器：烧杯（100mL）、量筒（10mL、100mL）、酒精灯、普通漏斗、漏斗架、布氏漏斗、吸滤瓶、真空泵、蒸发皿、泥三角、试管

固体药品：粗食盐

液体药品（mol/L）：HCl（2）、NaOH（2）、$BaCl_2$（1）、Na_2CO_3（1）、$(NH_4)_2C_2O_4$（0.5）、镁试剂

材料：pH 试纸

四、基本操作

1. 常压过滤、减压过滤
2. 蒸发浓缩、结晶、干燥

请见第一部分第三章相应内容。

五、实验内容

1. 粗食盐的提纯

(1) 粗食盐的称量与溶解：用台秤称取 8g 粗食盐于 100mL 烧杯中，加入 30mL 去离子

水，加热、搅拌使其溶解。

(2) SO_4^{2-} 的除去：在煮沸的食盐水溶液中，边搅拌边逐滴加入约 2mL 1.0mol/L $BaCl_2$ 溶液，继续加热 2～4min 后将酒精灯移开。待沉淀沉降后，在上层清液中滴入 1～2 滴 $BaCl_2$ 溶液，以检验 SO_4^{2-} 是否沉淀完全。如有浑浊出现，则可小火加热 3～5min，以使沉淀颗粒长大而易于沉降和过滤。冷却后，用普通漏斗倾析过滤，保留滤液，弃去沉淀。

(3) Mg^{2+}、Ca^{2+}、Ba^{2+} 的除去：在滤液中加入 1mL 2mol/L NaOH 溶液和 3mL 1mol/L Na_2CO_3 溶液，加热至沸。仿照 (2) 中方法检验 Mg^{2+}、Ca^{2+}、Ba^{2+} 等离子已沉淀完全后，继续用小火加热煮沸 5min，冷却后，用普通漏斗倾析过滤，保留滤液，弃去沉淀。

(4) 溶液 pH 的调节：在滤液中逐滴加入 2mol/L HCl 溶液，充分搅拌，并用玻璃棒蘸取滤液在 pH 试纸上试验，直至溶液呈微酸性 (pH＝4～5)。

(5) 蒸发与浓缩：将溶液转移至蒸发皿中，放于泥三角上小火加热，蒸发浓缩至溶液呈稀糊状为止，切不可将溶液蒸干。

(6) 结晶、减压过滤与干燥：糊状溶液冷却后用布氏漏斗减压过滤，尽量将 NaCl 晶体抽干。将晶体转移到蒸发皿中，在石棉网上以小火加热干燥。冷却后称其质量，计算产率。

2. 产品纯度的检验

称取粗食盐和提纯后的食盐各 1g，分别溶于 5mL 去离子水中，然后分别盛于 3 支试管中，组成 3 组试样，按照下述方法对照检验它们的纯度。

(1) SO_4^{2-} 的检验：在第一组溶液中分别加入 2 滴 1mol/L $BaCl_2$ 溶液，观察有无白色 $BaSO_4$ 沉淀生成。

(2) Ca^{2+} 的检验：在第二组溶液中分别加入 2 滴 0.5mol/L $(NH_4)_2C_2O_4$ 溶液，稍待片刻，观察有无白色 CaC_2O_4 沉淀生成。

(3) Mg^{2+} 的检验：在第三组溶液中分别加入 2～3 滴 2mol/L NaOH 溶液，使溶液呈碱性，再加入几滴镁试剂 (对硝基偶氮间苯二酚)，如有蓝色沉淀生成，表示有 Mg^{2+} 存在。

注意：

蒸发浓缩时要边加热边搅拌，以免暴沸。

六、实验习题

1. 在除去 Mg^{2+}、Ca^{2+}、Ba^{2+} 离子时，为什么要先加入 $BaCl_2$ 溶液，然后再加入 Na_2CO_3 溶液？
2. 蒸发前为什么要用盐酸将溶液的 pH 调至 4～5？
3. 浓缩时为什么不可将溶液蒸干？

实验七 二氧化碳分子量的测定

一、实验目的

1. 了解气体密度法测定气体分子量的原理和方法；
2. 学习启普发生器的使用、熟悉气体净化和干燥的原理和方法；
3. 掌握电子天平的使用方法。

二、实验原理

根据阿伏伽德罗定律，同温同压下，同体积的任何气体含有相同数目的分子。因此，在同温同压下，同体积的两种气体的质量之比等于它们的分子量之比，即

$$M_{r1}/M_{r2}=m_1/m_2=d$$

其中，M_{r1} 和 m_1 代表第一种气体的分子量和质量；M_{r2} 和 m_2 代表第二种气体的分子量和质量；$d(=m_1/m_2)$ 称为第一种气体对第二种气体的相对密度。

本实验是把同体积的二氧化碳气体与空气（其平均分子量为 29.0）相比。这样二氧化碳的分子量可按下式计算：

$$M_{CO_2}=m_{CO_2}\times M_{空气}/m_{空气}=d_{空气}\times 29.0$$

式中，一定体积（V）的二氧化碳气体质量 m_{CO_2} 可直接从天平上称出。根据实验时的大气压（p）和温度（T），利用理想气体状态方程式，可计算出同体积的空气的质量：

$$m_{空气}=pV\times 29.0/RT$$

据此求得二氧化碳气体对空气的相对密度，从而计算其分子量。

三、实验用品

仪器：启普发生器、洗气瓶、锥形瓶（100mL）、干燥管、托盘天平、分析天平、温度计、气压计、橡胶塞

固体药品：无水 $CaCl_2$

液体药品（mol/L）：盐酸（工业用、6）、$CuSO_4$（1）、饱和 $NaHCO_3$ 溶液

材料：大理石、玻璃棉（或橡胶皮）、橡胶管

四、基本操作

1. 启普发生器的使用
2. 气体的干燥、净化

请见第一部分第三章相应内容。

五、实验内容

按图 1 连接好二氧化碳气体的发生和净化装置。

取一个洁净而干燥的锥形瓶，选一个合适的橡胶塞塞入瓶口，在分析天平上称出（空气＋瓶＋塞子）的质量。

从启普发生器产生的二氧化碳气体，通过硫酸铜溶液、饱和 $NaHCO_3$ 溶液、无水氯化钙，经过净化和干燥后，导入锥形瓶内。因为二氧化碳气体的相对密度大于空气，所以必须把导气管插入瓶底，才能把瓶内的空气赶尽。4～5min 后，用带火星的香在瓶口检查 CO_2 已充满后，轻轻取出导气管，用塞子塞住瓶口，在锥形瓶颈上记下塞子的位置。在分析天平上称出（二氧化碳气体＋瓶＋塞子）的质量，重复通入二氧化碳气体和称量的操作，直到前后两次（二氧化碳气体＋瓶＋塞子）的质量相符为止（两次质量相差不超过 1～2mg）。这

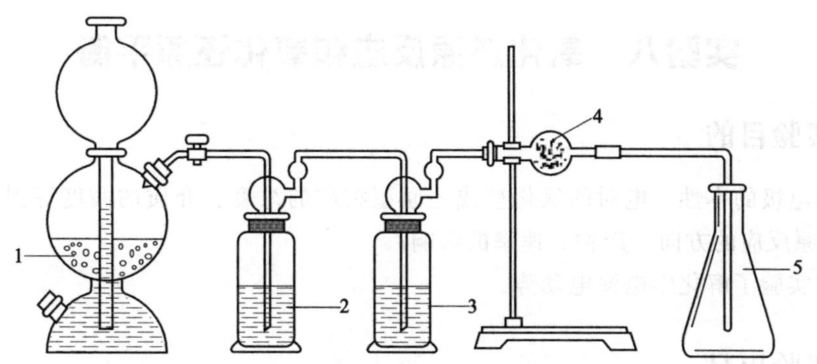

图 1 二氧化碳气体的发生和净化装置

1—稀盐酸＋石灰石；2—$CuSO_4$ 溶液；3—饱和 $NaHCO_3$ 溶液；4—无水 $CaCl_2$；5—锥形瓶

样做是为了保证瓶内的空气已完全被排出并充满了二氧化碳气体。

最后在瓶内装满水，塞好塞子（注意塞子的位置），在托盘天平上称量，精确至 0.1g。记录室温和大气压。

注意：

不要用掌心去压锥形瓶的塞子。

六、数据记录和结果处理

室温 t ________℃，T ________ K，大气压 p ____________ Pa

空气＋瓶＋塞子的质量 m_A＝________ g

第一次（二氧化碳气体＋瓶＋塞子）的质量 m_1＝____________ g

第二次（二氧化碳气体＋瓶＋塞子）的质量 m_2＝____________ g

二氧化碳气体＋瓶＋塞子的质量 m_B＝____________ g

水＋瓶＋塞子的质量 m_C＝____________ g

瓶的容积 $V=(m_C-m_A)/1.00$＝____________ mL

瓶内空气的质量 $m_{空气}$＝____________ g

瓶和塞子的质量 $m_D=m_A-m_{空气}$＝____________ g

二氧化碳气体的质量 $m_{CO_2}=m_B-m_D$＝____________ g

二氧化碳的分子量 Mr_{CO_2}＝____________

相对误差＝____________

七、实验习题

1. 在制备二氧化碳的装置（见图 1）中，能否把瓶 2 和瓶 3 的顺序对调？为什么？

2. 为什么（二氧化碳气体＋瓶＋塞子）的质量要在分析天平上称量，而（水＋瓶＋塞子）的质量则可以在托盘天平上称量？两者的要求有何不同？

3. 为什么在计算锥形瓶的容积时不考虑空气的质量，而在计算二氧化碳的质量时却要考虑空气的质量？

4. 哪些物质可用此法测定分子量？哪些不可以？为什么？

实验八 氧化还原反应和氧化还原平衡

一、实验目的

1. 掌握电极的本性、电对的氧化型或还原型物质的浓度、介质的酸度等因素对电极电势、氧化还原反应的方向、产物、速率的影响；

2. 通过实验了解化学电池电动势。

二、实验用品

仪器：试管、离心试管、烧杯（50mL）

固体药品：氟化铵

液体药品（mol/L）：HAc（6）、H_2SO_4（3、1）、Na_2SO_3（1、0.1）、NaOH（6）、KIO_3（0.1）、KI（0.1）、KBr（0.1）、$FeCl_3$（0.1）、$Fe_2(SO_4)_3$（0.1）、$FeSO_4$（1、0.1）、H_2O_2（3%）、$KMnO_4$（0.01）、溴水、碘水、CCl_4、淀粉溶液（0.4%）

三、实验内容

1. 氧化还原反应和电极电势

（1）在试管中加入10滴0.1mol/L KI溶液和3滴0.1mol/L $FeCl_3$溶液，摇匀后加入25滴CCl_4，充分振荡，观察CCl_4层颜色有无变化。

（2）在试管中加入10滴0.1mol/L KBr溶液和3滴0.1mol/L $FeCl_3$溶液，摇匀后加入25滴CCl_4，充分振荡，观察CCl_4层颜色有无变化。

（3）往两支试管中分别加入3滴碘水、溴水，然后加入10滴0.1mol/L $FeSO_4$溶液，摇匀后加入15～25滴CCl_4，充分振荡，观察CCl_4层颜色有无变化。

根据以上实验结果，定性地比较Br_2/Br^-、I_2/I^-和Fe^{3+}/Fe^{2+}三个电对的电极电势。

2. 酸度和浓度对氧化还原反应的影响

（1）酸度的影响

① 1滴0.01mol/L $KMnO_4$溶液，加入10滴3mol/L H_2SO_4，再加过量0.1mol/L Na_2SO_3溶液，观察现象，写出反应方程式。

② 2滴0.01mol/L $KMnO_4$溶液，加入15滴水，再加过量0.1mol/L Na_2SO_3溶液，观察现象，写出反应方程式。

③ 10滴0.1mol/L Na_2SO_3溶液，加入15滴6mol/L NaOH，再加1滴0.01mol/L $KMnO_4$溶液，观察现象，写出反应方程式。

④ 在试管中加入10滴0.1mol/L KI溶液和2滴0.1mol/L KIO_3溶液，再加几滴淀粉溶液，混合后观察溶液颜色有无变化。然后加2～3滴1ml/L H_2SO_4溶液酸化混合液，观察有什么变化，最后滴加2～3滴6mol/L NaOH溶液使混合液显碱性，又有什么变化。写出有关反应式。

（2）浓度的影响

① 往盛有25滴CCl_4和10滴0.1mol/L $Fe_2(SO_4)_3$溶液的试管中加入10滴0.1mol/L

KI 溶液，振荡后观察 CCl_4 层的颜色。

② 往盛有 25 滴 CCl_4、1mol/L $FeSO_4$ 溶液和 0.1mol/L $Fe_2(SO_4)_3$ 溶液各 10 滴的试管中，加入 10 滴 0.1mol/L KI 溶液，振荡后观察 CCl_4 层的颜色。与上一实验中 CCl_4 层颜色有何区别？

③ 在实验①的试管中，加入少许 NH_4F 固体，振荡，观察 CCl_4 层颜色的变化。

说明浓度对氧化还原反应的影响。

3. 酸度对氧化还原反应速率的影响

在两支各盛 10 滴 0.1mol/L KBr 溶液的试管中，分别加入 10 滴 1mol/L H_2SO_4 溶液和 6mol/L HAc 溶液，然后各加入 1 滴 0.01mol/L $KMnO_4$ 溶液，观察 2 支试管中紫红色褪去的速度。写出有关反应方程式。

4. 氧化数居中的物质的氧化还原性

(1) 在试管中加入 10 滴 0.1mol/L KI 溶液和 3 滴 1mol/L H_2SO_4 溶液，再加入 2 滴 3% H_2O_2，观察试管中溶液颜色的变化。

(2) 在试管中加入 2 滴 0.01mol/L $KMnO_4$ 溶液，再加入 3 滴 1mol/L H_2SO_4 溶液，摇匀后滴加 2 滴 3% H_2O_2，观察溶液颜色的变化。

四、实验习题

1. 比较 Br_2/Br^-、I_2/I^- 和 Fe^{3+}/Fe^{2+} 三个电对的电极电势，指出哪个物质是最强的氧化剂？哪个是最强的还原剂？

2. 从实验结果讨论氧化还原反应和哪些因素有关。

3. 为什么 H_2O_2 既具有氧化性，又具有还原性？试从电极电势予以说明。

4. 介质对 $KMnO_4$ 的氧化性有何影响？用本实验事实及电极电势予以说明。

附：

1. 预习报告格式

实验内容	现　象
1. 氧化还原反应和电极电势 (1)10 滴 0.1mol/L KI+3 滴 0.1mol/L $FeCl_3$，摇匀后+15 滴 CCl_4，观察颜色。 (2)	

2. 实验报告格式

实验内容	现　象	解释(反应方程式)
1. 氧化还原反应和电极电势 (1)10 滴 0.1mol/L KI+3 滴 0.1mol/L $FeCl_3$，摇匀后+15 滴 CCl_4，观察颜色。 (2)		

第六章
综合、设计实验

实验九　转化法制备硝酸钾

一、实验目的

1. 学习用转化法制备硝酸钾晶体；
2. 学习溶解、蒸发、浓缩、过滤、重结晶操作；
3. 掌握重结晶法提纯物质的原理。

二、实验原理

工业上常采用转化法合成 KNO_3 晶体，其反应如下：

$$NaNO_3 + KCl \longrightarrow NaCl + KNO_3$$

该反应是可逆的，NaCl 的溶解度随温度变化不大，而 $NaNO_3$、KCl 和 KNO_3 在高温时具有较大或很大的溶解度，而温度降低时溶解度明显减小（如 KCl、$NaNO_3$）或急剧下降（如 KNO_3）。根据这一差别，将一定浓度的 $NaNO_3$ 和 KCl 混合液加热浓缩，当温度升至 118～120℃时，由于 KNO_3 的溶解度明显增加，达不到饱和，不析出，而 NaCl 的溶解度增加少，随着浓缩过程溶剂的减少，NaCl 析出，热过滤除去 NaCl 后将此滤液冷却至室温，即有大量 KNO_3 析出，NaCl 仅少量析出。通过重结晶提纯可得纯品 KNO_3。这 4 种盐在水中的溶解度如表 1 和图 1 所示。

表 1　KNO_3 等 4 种盐在不同温度下的溶解度 s　　单位：g/100 g

盐	温度 t/℃							
	0	10	20	30	40	60	80	100
KNO_3	13.3	20.9	31.6	45.8	63.9	110.0	169.0	246.0
KCl	27.6	31.0	34.0	37.0	40.0	45.5	51.1	56.7
$NaNO_3$	73.0	80.0	88.0	96.0	104.0	124.0	148.0	180.0
NaCl	35.7	35.8	36.0	36.3	36.6	37.3	38.4	39.8

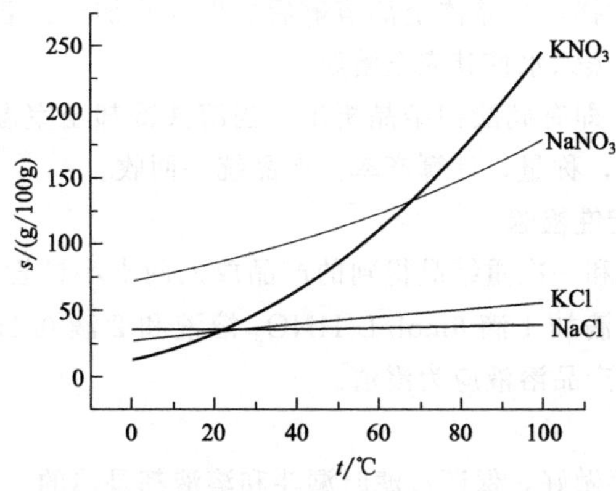

图 1　KNO_3 等 4 种盐在不同温度下的溶解度

三、实验用品

仪器：烧杯（50mL）、台秤（或简易电子秤）、循环水真空泵、布氏漏斗、抽滤瓶、棉手套、比色管

固体药品：硝酸钠（工业级）每人 11.0g、氯化钾（工业级）每人 7.5g

液体药品（mol/L）：$AgNO_3$（0.1）、HNO_3（6）

材料：滤纸

四、基本操作

热过滤

请见第一部分第三章相应内容。

五、实验内容

1. KNO_3 制备

(1) 溶料转化—粗产品 KNO_3 的制备

① 称取 11.0g $NaNO_3$和 7.5g KCl 于 50mL 小烧杯中，加蒸馏水 17.5mL；

② 将小烧杯放在石棉网上（石棉网则放于三脚架或铁架台和铁圈上），用酒精灯加热，边加热边轻轻搅拌，使固体溶解（如果溶解过程中水量减少，而固体还没完全溶解，可适当加少量蒸馏水补充），得澄清无色溶液，在烧杯上做好溶液高度的记号；

③ 用小火浓缩至原来体积的 2/3，此时有白色晶体生成；趁热过滤，滤液于小烧杯中自然冷却。随着温度下降，即有结晶析出。

注意：

不要骤冷，以防结晶过于细小。

④ 抽滤，将晶体尽量抽干，观察产品外观，称量，计算粗产率。

(2) 粗产品的提纯—重结晶

① 保留少量（0.03g）粗产品供纯度检验。向 KNO_3 粗产品中加入一定量的蒸馏水，KNO_3 与 H_2O 的比例是 2∶1（质量比）。

② 温和加热，轻轻搅拌，待晶体全部溶解后立即停止加热。若溶液沸腾时，晶体还未全部溶解，可再加极少量蒸馏水使其完全溶解。

③ 溶液冷却过程中，即有硝酸钾结晶析出。当溶液冷却至室温后抽滤，水浴烘干，得到纯度较高的硝酸钾晶体，称量，计算产率。产品统一回收。

2. 产品纯度检验—定性检验

分别取 0.03g 粗产品和一次重结晶得到的产品放入两支小试管中，各加入 3mL 蒸馏水溶解。向两支试管中分别滴加 1 滴 6mol/L HNO_3 溶液和 2 滴 0.1mol/L $AgNO_3$ 溶液，观察对比现象，重结晶后的产品溶液应为澄清。

注意：

① 趁热过滤的细节要做好，保证过滤时漏斗和溶液都是热的。

② 热过滤时溶液不要一下子全部倒入漏斗中，以免晶体析出堵塞漏斗，漏斗上最好盖上表面皿，以保持滤液温度。

六、实验习题

1. 用小火浓缩至原来体积的 2/3，此时有白色晶体析出，请问这白色晶体是什么？

2. 热过滤的目的是什么？

3. 热过滤后小烧杯中析出的晶体是什么？

4. 重结晶时，按 $KNO_3 : H_2O = 2 : 1$（质量比）的比例向粗产品中加入一定量水的理论依据是什么？

实验十　硫酸亚铁铵的制备及铁含量的测定

一、实验目的

1. 学会利用溶解度的差异制备硫酸亚铁铵，掌握硫酸亚铁、硫酸亚铁铵复盐的性质；

2. 掌握加热、水浴、溶解、蒸发、结晶、减压过滤等基本操作；

3. 学习 pH 试纸、吸量管、比色管的使用；学习限量分析；

4. 学习 $K_2Cr_2O_7$ 法测定 Fe^{3+} 的原理和操作步骤。

二、实验原理

1. 铁屑溶于 H_2SO_4，生成 $FeSO_4$：$Fe + H_2SO_4 \longrightarrow FeSO_4 + H_2 \uparrow$

2. 通常，亚铁盐在空气中易氧化。例如，硫酸亚铁在中性溶液中能被溶于水中的少量氧气氧化并进而与水作用，甚至析出棕黄色的碱式硫酸铁（或氢氧化铁）沉淀。若往硫酸亚铁溶液中加入与 $FeSO_4$ 等物质的量的硫酸铵，则生成硫酸亚铁铵复盐。硫酸亚铁铵比较稳定，它的六水合物 $(NH_4)_2SO_4 \cdot FeSO_4 \cdot 6H_2O$ 不易被空气氧化，在定量分析中常用来配制亚铁离子的标准溶液。像所有的复盐那样，硫酸亚铁铵在水中的溶解度比组成它的组分 $FeSO_4$ 或 $(NH_4)_2SO_4$ 的溶解度都要小。蒸发浓缩所得溶液，可制得浅绿色的硫酸亚铁铵（六水合物）晶体。三种盐的溶解度如表 1 所示。

$$FeSO_4 + (NH_4)_2SO_4 + 6H_2O \longrightarrow (NH_4)_2SO_4 \cdot FeSO_4 \cdot 6H_2O$$

表 1　三种盐的溶解度　　单位：g/100g

温度/℃	$FeSO_4 \cdot 7H_2O$	$(NH_4)_2SO_4$	$(NH_4)_2SO_4 \cdot FeSO_4 \cdot 6H_2O$
10	20.0	73.0	17.2
20	26.5	75.4	21.6
30	32.9	78.0	28.1

3. 比色原理

$Fe^{3+}+nSCN^- = [Fe(SCN)_n]^{(3-n)}$（红色），用比色法可估计产品中所含杂质 Fe^{3+} 的量。Fe^{3+} 能与 SCN^- 生成红色物质 $[Fe(SCN)]^{2+}$，当红色较深时，表明产品中含 Fe^{3+} 较多；当红色较浅时，表明产品中含 Fe^{3+} 较少。所以，只要将所制备的硫酸亚铁铵晶体与 KSCN 溶液在比色管中配制成待测溶液，将它与含一定 Fe^{3+} 量所配制成的标准 $[Fe(SCN)]^{2+}$ 溶液比色，根据红色深浅相仿程度，即可知待测溶液中杂质 Fe^{3+} 的含量，从而确定产品的等级。

用眼睛观察，比较溶液颜色深度以确定物质含量的方法称为目视比色法。目视比色法经常采用标准系列法。用一套由相同材料制成、形状大小相同的比色管（容量有 10mL、25mL、50mL 及 100mL 等），将一系列不同量的标准溶液依次加入各比色管中，再加入等量的显色剂及其他试剂，并控制其他实验条件相同，最后稀释至同样的体积。这样便配成一套颜色逐渐加深的标准色。

将一定量被测试液放在另一比色管中，在同样的条件下显色。从管口垂直向下或从比色管侧面观察，若试液与标准系列中某溶液的颜色深度相同，则这两比色管中的溶液浓度相同；如果试液颜色深度介于相邻两个标准溶液之间，则试液浓度介于这两个标准溶液的浓度之间。

4. 硫酸亚铁铵含量测定

以二苯胺磺酸钠为指示剂，用 $K_2Cr_2O_7$ 标准溶液滴定至溶液呈紫色即为终点，主要反应式为

$$6Fe^{2+}+Cr_2O_7^{2-}+14H^+ = 6Fe^{3+}+2Cr^{3+}+7H_2O$$

滴定过程中生成的 Fe^{3+} 呈黄色，影响终点的观察，若在溶液中加入 H_3PO_4，H_3PO_4 与 Fe^{3+} 生成无色的 $Fe(HPO_4)^{2-}$，可掩蔽 Fe^{3+}。同时由于 $Fe(HPO_4)^{2-}$ 的生成，使 Fe^{3+}/Fe^{2+} 电对的条件电位降低，滴定突跃增大，指示剂可在突跃范围内变色，从而减少滴定误差。

硫酸亚铁铵含量按以下公式进行计算：

$$w=\frac{6c_{K_2Cr_2O_7}V_{K_2Cr_2O_7}M\times10^{-3}}{m}\times100\%$$

式中　w——产品中 $(NH_4)_2SO_4 \cdot FeSO_4 \cdot 6H_2O$ 的质量分数，%；

$c_{K_2Cr_2O_7}$——$K_2Cr_2O_7$ 标准溶液浓度，mol/L；

$V_{K_2Cr_2O_7}$——$K_2Cr_2O_7$ 标准溶液用量（体积），mL；

M——$(NH_4)_2SO_4 \cdot FeSO_4 \cdot 6H_2O$ 摩尔质量，g/mol；

m——准确称取的产品质量，g。

三、实验用品

仪器：锥形瓶（150mL、250mL）、蒸发皿、玻璃棒、吸滤瓶、布氏漏斗、真空泵、吸量管（1mL、2mL）、比色管（25mL）、烧杯（100mL）、量筒（10mL、50mL）、容量瓶

(250mL)、石棉网

固体药品：铁钉、$(NH_4)_2SO_4$、$K_2Cr_2O_7$

液体药品（mol/L）：硫酸（3）、HCl（2）、Na_2CO_3（10%）、乙醇（95%）、KSCN（250g/L）、Fe^{3+}标准液、二苯胺磺酸钠指示剂、磷酸（浓）

四、实验步骤

1. $FeSO_4$ 的制备

（1）铁钉的净化（除去油污）

由于机械加工过程得到的铁钉油污较多，可用碱煮的方法除去。

称取10颗铁钉________g，放于锥形瓶内，加入20mL 10% Na_2CO_3溶液，缓缓加热约10min，用倾析法除去碱液，用水洗净铁钉。

如果用纯净的铁钉，可省去这步；如果铁钉生锈，则须用稀酸除锈后再用水洗净。具体做法：取10颗铁钉放于锥形瓶内，加10mL 3mol/L硫酸，常温反应几分钟，至铁钉表面的铁锈除尽，过滤，铁钉用水冲洗干净，再用滤纸吸干，称重________g。

（2）铁钉加入锥形瓶中，加入20mL 3mol/L硫酸，70℃水浴加热30min，反应过程中经常取出锥形瓶摇晃，如果水分有减少可适当补充水分（切记不可加太多水）。冷却，减压抽滤，滤液转入蒸发皿，滤渣称重________g，计算 $FeSO_4$ 质量________g。

2. $(NH_4)_2SO_4 \cdot FeSO_4 \cdot 6H_2O$ 的制备

按$FeSO_4$：$(NH_4)_2SO_4$＝1：0.87的质量比称取$(NH_4)_2SO_4$固体________g，加入蒸发皿中，加热溶解，用稀硫酸调节pH＝1～2，继续加热到液面出现晶膜，冷却至室温后抽滤，用少量95%乙醇洗涤，烘干、称重________g，计算产率。

3. 产品检验

称取1.0g $(NH_4)_2SO_4 \cdot FeSO_4 \cdot 6H_2O$，放入比色管，加5mL无氧水溶解，再加2mL 2mol/L HCl和0.5mL 1mol/L KSCN，用无氧水定容到25mL，摇匀，与标准品进行目视比色，确定产品等级。

注：

Fe^{3+}标准溶液的配制（实验准备室配制）

先配制0.01mg/mL Fe^{3+}标准溶液，然后用吸量管吸取该标准溶液5.00mL、10.00mL和20.00mL分别放入3支比色管中，各加入2.00mL 2.0mol/L HCl溶液和0.50mL 1.0mol/L KSCN溶液。用备用的含氧较少的去离子水将溶液稀释到25.00mL，摇匀，得到25mL溶液中分别含Fe^{3+} 0.05mg、0.10mg和0.20mg三个级别的Fe^{3+}标准溶液，对应Ⅰ级、Ⅱ级和Ⅲ级试剂中Fe^{3+}的最高允许含量。

用上述相似的方法配制25mL含1.00g硫酸亚铁铵的溶液，若溶液颜色与Ⅰ级试剂的标准溶液的颜色相同或略浅，便可确定为Ⅰ级产品，其中Fe^{3+}的质量分数＝$(0.05\times10^{-3}g/1.00g)\times100\%=0.005\%$，Ⅱ级和Ⅲ级产品以此类推。

4. 硫酸亚铁含量的测定（选做）

（1）$K_2Cr_2O_7$标准溶液的配制：称取约0.8g（准确至0.0001g）$K_2Cr_2O_7$，放入100mL烧杯中，加适量蒸馏水溶解后转移至250mL容量瓶中，用水稀释至刻度线，并计算$K_2Cr_2O_7$的准确浓度。

(2) 硫酸亚铁铵含量的测定：称取约 0.5g（准确至 0.0001g）所制得的硫酸亚铁铵产品，放入 250mL 锥形瓶中，加入 50mL 除氧的蒸馏水及 15mL 3mol/L H_2SO_4 溶液，振荡使其溶解，加入 4mL 浓 H_3PO_4，再滴加 4～6 滴二苯胺磺酸钠指示剂，用 $K_2Cr_2O_7$ 标准溶液滴定至溶液由深绿色变为紫色（30s 内不褪色）即为终点。根据 $K_2Cr_2O_7$ 标准溶液的浓度和用量，计算硫酸亚铁铵的含量。重复上述过程，平行实验 1～2 次，计算硫酸亚铁铵含量的平均值。

注意：

① 反应一定要在通风橱中进行，因为有氢气生成，所以不要用明火。

② 水浴加热浓缩至表面有晶膜出现即可，不可将溶液蒸干。

③ 浓缩液自然冷却至室温。

五、数据记录与处理

1. 制得的 $(NH_4)_2SO_4 \cdot FeSO_4 \cdot 6H_2O$ 实际产量：________ g

理论产量：　　Fe — $FeSO_4$ — $(NH_4)_2SO_4 \cdot FeSO_4 \cdot 6H_2O$

产率：

产品等级：

产品外观：

2. 硫酸亚铁铵含量的测定

$K_2Cr_2O_7$ 的质量：

$K_2Cr_2O_7$ 的浓度：

滴定次数	1	2	3
$V_{K_2Cr_2O_7}$/mL	25.00	25.00	25.00
$V_{样品}$终读数/mL			
$V_{样品}$初读数/mL			
$V_{样品}$/mL			
$c_{样品}$/(mol/L)			
$c_{样品}$平均值/(mol/L)			
相对偏差/%			
相对平均偏差/%			

硫酸亚铁铵含量的平均值：

六、实验习题

1. 在反应过程中，铁和硫酸哪一种应该过量，为什么？反应为什么要在通风橱中进行？
2. 混合液为什么要成微酸性？
3. 限量分析时，为什么要用不含氧的水？写出限量分析的反应式。

4. 怎样才能得到较大的晶体？
5. 硫酸亚铁与硫酸亚铁铵的性质有何不同？

实验十一　五水合硫酸铜（Ⅱ）的制备及铜含量的测定

一、实验目的

1. 了解由不活泼金属制备盐的方法；
2. 练习溶解、浓缩、蒸发、结晶、过滤及重结晶等基本操作；
3. 巩固台秤、量筒、pH 试纸的使用等基本操作；
4. 掌握用废铜与硫酸作用制备五水合硫酸铜的方法；
5. 学习间接碘量法测定铜的原理和操作步骤。

二、实验原理

铜为不活泼金属，不能用非氧化性酸直接反应制备其盐。工业上采用先在高温下把铜灼烧成氧化铜，再与酸作用生成铜盐。实验室常采用硝酸或过氧化氢作氧化剂制备铜盐。硝酸作氧化剂时有氮的氧化物生成造成污染（需有尾气处理装置），过氧化氢作氧化剂时反应速率慢且成本较高。

1. 五水合硫酸铜制备方法

方案 1　$Cu+2HNO_3+H_2SO_4=\!=\!=CuSO_4+2NO_2\uparrow+2H_2O$

方案 2　$Cu+H_2O_2+H_2SO_4=\!=\!=CuSO_4+2H_2O$

方案 3　$Cu+O_2=\!=\!=2CuO$

$CuO+H_2SO_4=\!=\!=CuSO_4+H_2O$

本实验采用方案 2，由废铜屑和过氧化氢反应制备五水合硫酸铜。过氧化氢的反应产物为水或氧气，不会增加新的污染，是一种良好的氧化还原剂。

2. 重结晶法提纯

由于废铜屑不纯，所得 $CuSO_4$ 溶液中常含有一些难溶性杂质或可溶性杂质，难溶性杂质可过滤除去，可溶性杂质常用化学方法去除。

由于五水合硫酸铜在水中的溶解度随温度升高而明显增大，因此硫酸铜粗产品中的杂质可通过重结晶法提纯使杂质留在母液中，从而得到纯度较高的硫酸铜晶体。五水合硫酸铜的溶解度如表 1 所示。

表 1　五水合硫酸铜的溶解度　　单位：g/100g

t/℃	0	20	40	60	80
$CuSO_4\cdot 5H_2O$	14.3	20.7	28.5	40.0	55.0

3. 间接碘量法测定铜的含量

在弱酸性溶液中（pH＝3～4），Cu^{2+} 与过量的 KI 作用，生成 CuI 沉淀并定量析出 I_2：

$$2Cu^{2+}+5I^-=\!=\!=2CuI\downarrow+I_3^-$$

生成的 I_2 用 $Na_2S_2O_3$ 标准溶液滴定，以淀粉为指示剂，滴定至溶液的蓝色刚好消失即为终点。

$$I_3^-+2S_2O_3^{2-}=\!=\!=3I^-+S_4O_6^{2-}$$

由于 CuI 沉淀表面吸附 I_2 故分析结果偏低，为了减少 CuI 沉淀对 I_2 的吸附，可在大部分 I_2 被 $Na_2S_2O_3$ 溶液滴定后，再加入 NH_4SCN，使 CuI 沉淀转化为更难溶的 CuSCN 沉淀。

$$CuI + SCN^- = CuSCN + I^-$$

CuSCN 吸附 I_2 的倾向较小，因而可以提高测定结果的准确度。

根据 $Na_2S_2O_3$ 标准溶液的浓度、消耗的体积及试样的质量，计算试样中铜的含量。

三、实验用品

仪器：锥形瓶（150mL）、水浴锅、量筒（10mL）、蒸发皿、台秤、分析天平、酸式滴定管

固体药品：铜屑

液体药品（mol/L）：Na_2CO_3（10%）、H_2SO_4（6）、H_2O_2（30%）、KI（200g/L）、$Na_2S_2O_3$（0.1 待标定）、淀粉溶液（5g/L）、NH_4SCN（1）、$K_2Cr_2O_7$ 标准溶液（0.02000）（配制方法参见实验十）、氨水（7）、HAc（7）、NH_4HF_2（200g/L）、HCl（6）、无水乙醇

四、实验步骤

1. 制备五水合硫酸铜粗品

（1）废铜屑预处理：称取 2.0g 废铜屑放于 150mL 锥形瓶中，加入 10% Na_2CO_3 溶液 10mL，加热煮沸，除去表面油污，倾析法除去碱液，用水洗净。

（2）反应流程：处理过的铜屑加入 6mol/L H_2SO_4 溶液 10mL→缓慢滴加 4mL 30% H_2O_2→水浴加热（温度保持在 40～50℃）→反应完全后（若有过量铜屑，补加稀 H_2SO_4 和 H_2O_2 溶液）→加热煮沸 2 分钟→趁热抽滤（弃去难溶性杂质）→将溶液转移到蒸发皿中→调 pH＝1～2（为什么?）→水浴加热浓缩至表面有晶膜出现（能否蒸干?）→取下蒸发皿→自然冷却至室温→抽滤→得到五水合硫酸铜粗产品→晾干或吸干→称量→计算产率（回收母液）。

2. 重结晶法提纯五水合硫酸铜

将硫酸铜粗产品按 1g 加 1.2mL 水的比例加水，再加少量稀 H_2SO_4，调节 pH 为 1～2，加热使其全部溶解，趁热过滤（若无难溶性杂质，可不过滤），滤液自然冷却至室温析出晶体（若无晶体析出，水浴加热浓缩至表面出现晶膜），抽滤，用少量无水乙醇洗涤产品，抽滤。将产品转移至干净的表面皿上，晾干，称量，计算收率（回收母液）。

母液与上步实验回收的滤液合并回收在小烧杯中，留作培养 $CuSO_4 \cdot 5H_2O$ 大单晶。

3. 铜含量的测定

（1）$Na_2S_2O_3$ 溶液的标定：准确移取 25.00mL 0.02000mol/L $K_2Cr_2O_7$ 标准溶液于锥形瓶中，加入 5mL 6mol/L HCl 溶液、5mL 200g/L KI 溶液，摇匀，在暗处放置 5min 后（使反应完全），加入 50mL 蒸馏水，用待标定的 $Na_2S_2O_3$ 溶液滴定至淡黄色，然后加入 3mL 5g/L 淀粉指示剂，继续滴定至溶液呈现亮绿色即为终点。平行滴定 3 份，计算 $Na_2S_2O_3$ 溶液的浓度。

（2）铜含量的测定：精确称取硫酸铜试样（每份相当于 20～30mL 标准 $Na_2S_2O_3$ 溶液）于 250mL 碘量瓶中，加 60mL 蒸馏水，滴加 7mol/L 氨水直到溶液刚刚有稳定的沉淀出现，再加入 8mL 7mol/L HAc 溶液、10mL 200g/L NH_4HF_2 缓冲溶液、10mL 200g/L KI 溶液，用 0.1mol/L $Na_2S_2O_3$ 标准溶液滴定至浅黄色。再加 3mL 5g/L 淀粉指示剂，滴定至浅蓝色后，加入 10mL 1mol/L NH_4SCN 溶液，继续滴定至蓝色消失。记录消耗的 $Na_2S_2O_3$ 标准

溶液的体积，计算试样中铜的质量分数。

注意：

① 双氧水应缓慢分次滴加。

② 趁热过滤时，应先洗净过滤装置并预热；将滤纸准备好，待抽滤时再润湿。

③ 水浴加热浓缩至表面有晶膜出现即可，不可将溶液蒸干。

④ 浓缩液自然冷却至室温。

⑤ 重结晶时，调节 pH 为 1～2，加入水的量不能太多。

⑥ 回收产品和母液。

五、实验数据记录与处理

表 2 $Na_2S_2O_3$ 浓度的测定

编号	1	2	3
$K_2Cr_2O_7$ 浓度/(mol/L)			
$Na_2S_2O_3$ 体积/mL			
$Na_2S_2O_3$ 浓度/(mol/L)			
$Na_2S_2O_3$ 平均浓度/(mol/L)			
相对偏差/%			
相对平均偏差/%			

表 3 铜含量的测定

编号	1	2	3
五水合硫酸铜的质量/g			
$Na_2S_2O_3$ 体积/mL			
铜的含量/%			
铜平均含量/%			
相对偏差/%			
相对平均偏差/%			

六、实验习题

1. 蒸发时为什么要将溶液的 pH 调节至 1～2?

2. 制备和提纯五水合硫酸铜实验中，加热浓缩溶液时，是否可将溶液蒸干？为什么?

3. 如果不用水浴加热，直接加热蒸发，能否得到纯净的五水硫酸铜?

实验十二 三草酸合铁（Ⅲ）酸钾的制备及组成测定

一、实验目的

1. 用自制的硫酸亚铁铵（见实验十）制备三草酸合铁（Ⅲ）酸钾；

2. 掌握称量、水浴加热控温、蒸发、浓缩、结晶、干燥、倾析、常压和减压过滤等基本操作；

3. 掌握定量分析等基本操作。

二、实验原理

1. 三草酸合铁（Ⅲ）酸钾的制备

三草酸合铁（Ⅲ）酸钾 $K_3[Fe(C_2O_4)_3]\cdot 3H_2O$ 是一种绿色的单斜晶体，溶于水而难溶于乙醇，光照易分解。本实验制备纯的三草酸合铁（Ⅲ）酸钾晶体，首先用硫酸亚铁铵与草酸反应制备草酸亚铁：

$$(NH_4)_2Fe(SO_4)_2\cdot 6H_2O+H_2C_2O_4 = FeC_2O_4\cdot 2H_2O\downarrow+(NH_4)_2SO_4+H_2SO_4+4H_2O$$

草酸亚铁在草酸钾和草酸的存在下，被过氧化氢氧化为草酸铁配合物：

$$2FeC_2O_4\cdot 2H_2O+H_2O_2+3K_2C_2O_4+H_2C_2O_4 = 2\{K_3[Fe(C_2O_4)_3]\cdot 3H_2O\}$$

加入乙醇后，便析出三草酸合铁（Ⅲ）酸钾晶体。

2. 三草酸合铁（Ⅲ）酸钾的测定

在强酸性介质中用高锰酸钾标准溶液滴定测得草酸根的含量。Fe^{3+} 含量可先用过量锌粉将其还原为 Fe^{2+}，然后再用高锰酸钾标准溶液滴定而测得，其反应式为：

$$2MnO_4^-+5C_2O_4^{2-}+16H^+ = 2Mn^{2+}+10CO_2\uparrow+8H_2O$$

$$5Fe^{2+}+MnO_4^-+8H^+ = 5Fe^{3+}+Mn^{2+}+4H_2O$$

三、实验用品

仪器：托盘天平、分析天平、酸式滴定管、称量瓶、移液管、温度计（373K）、玻璃管（40mm）、容量瓶（100mL）、水浴锅、烧杯

固体药品：草酸钠、锌粉、$(NH_4)_2Fe(SO_4)_2\cdot 6H_2O$

液体药品（mol/L）：H_2SO_4（3、1）、$H_2C_2O_4$（饱和溶液）、$K_2C_2O_4$（饱和溶液）、H_2O_2（3%）、乙醇（95%）、KNO_3（饱和）、乙醇-丙酮（1∶1）、$KMnO_4$ 标准溶液（0.02000）

四、实验步骤

1. $FeC_2O_4\cdot 2H_2O$ 的制备

在 100mL 烧杯中加入 5.0g $(NH_4)_2Fe(SO_4)_2\cdot 6H_2O$ 固体，15mL 蒸馏水和 2～4 滴 3mol/L H_2SO_4 溶液，加热溶解后再加入 25mL 饱和 $H_2C_2O_4$ 溶液，加热至沸，搅拌片刻，停止加热，静置。待黄色晶体 $FeC_2O_4\cdot 2H_2O$ 沉降后倾析弃去上层清液，加入 20mL 蒸馏水洗涤晶体，搅拌并温热，静置，弃去上清液，即得黄色晶体草酸亚铁。（现象：加热溶解后，溶液呈淡绿色；加入饱和 $H_2C_2O_4$ 溶液后，溶液变浑浊，静置，有黄色沉淀生成）

2. 三草酸合铁（Ⅲ）酸钾的制备

在上述沉淀中加入 15mL 饱和 $K_2C_2O_4$ 溶液，水浴加热至 40℃。用滴管慢慢加入 20mL 3% H_2O_2 溶液，边加边搅拌，恒温在 40℃左右，溶液变成深棕色浑浊，然后加热至沸，并分两次加入 8mL 饱和 $H_2C_2O_4$ 溶液（第一次加 5mL，第二次慢慢加入 3mL），溶液由草绿色变成亮绿色。趁热抽滤，滤液转入 100mL 烧杯中，加入 95%乙醇 35mL，混匀后冷却，烧杯底部有晶体析出。为了加快结晶速率，可往其中滴加几滴 KNO_3 溶液。晶体完全析出

后，抽滤，用乙醇-丙酮混合溶剂 10mL 分次淋洗滤饼，抽干混合液。固体产品置于表面皿上，滤纸吸干。抽滤，称重，计算产率。

3. 标定 $KMnO_4$ 溶液

准确称取 3 份草酸钠（0.13～0.26g）加 10mL 去离子水溶解，加 30mL 3 mol/L H_2SO_4 溶液，水浴加热至 75～85℃，立即用待标定的 $KMnO_4$ 溶液滴定。

4. 草酸根含量的测定

准确称取 3 份 0.22～0.27g 的三草酸合铁（Ⅲ）酸钾晶体于锥形瓶中，加入 30mL 去离子水和 10mL 3mol/L H_2SO_4 溶液，加热至 80℃，趁热用 $KMnO_4$ 溶液滴定至浅粉红色，30s 内不褪色，计算草酸根的含量，滴定完的试液保留待用。

5. 铁含量的测定

在测定草酸根后的试液中加入锌粉，加热反应 5 分钟，补加 5mL 3mol/L H_2SO_4 溶液，加热至 80℃，用 $KMnO_4$ 溶液滴定至浅粉红色，30s 内不褪色，计算 Fe 的含量。

注意：

① 水浴 40℃下加热，慢慢滴加 H_2O_2，以防止 H_2O_2 分解。

② 在抽滤过程中，勿用水冲洗黏附在烧杯和布氏漏斗上的绿色产品。

五、数据处理与结果讨论

1. 三草酸合铁（Ⅲ）酸钾产率计算

原料：$(NH_4)_2Fe(SO_4)_2 \cdot 6H_2O$ ________ g；产品：$K_3[Fe(C_2O_4)_3] \cdot 3H_2O$ 理论产量 g

实际产量：

产率：

2. $KMnO_4$ 溶液浓度

编号	$m_{草酸钠}$/g	$V_{高锰酸钾}$/mL	$c_{高锰酸钾}$/(mol/L)	$c_{平均}$/(mol/L)
1				
2				
3				

3. 草酸根含量的测定

编号	$m_{产品}$/g	$V_{高锰酸钾}$/mL	$c_{草酸根}$/(mol/L)	$c_{平均}$/(mol/L)
1				
2				
3				

经三次连续滴定，算出产品中 Fe^{3+} 的质量含量分别为：

六、实验习题

1. 能否用 $FeSO_4$ 代替硫酸亚铁铵来合成 $K_3[Fe(C_2O_4)_3]$？这时若用 HNO_3 代替 H_2O_2

作氧化剂，写出用 HNO_3 作氧化剂的反应方程式。你认为用哪个作氧化剂较好？为什么？

2. 在三草酸合铁（Ⅲ）酸钾的制备过程中，加入 8mL 饱和草酸溶液后，沉淀溶解，溶液转为绿色。若往此溶液中加入 35mL 95%乙醇或将此溶液过滤后往滤液中加入 35mL 95%乙醇，现象有何不同？为什么？并说明对产品质量有何影响。

实验十三　二草酸合铜（Ⅱ）酸钾的制备及组成测定

一、实验目的

1. 掌握二草酸合铜（Ⅱ）酸钾的制备原理；
2. 熟悉溶解、沉淀、蒸发、浓缩等无机化学实验基本操作；
3. 掌握配位滴定法测定铜的原理和操作步骤；
4. 掌握草酸根含量的测定原理和操作步骤。

二、实验原理

1. 二草酸合铜（Ⅱ）酸钾的制备

本实验由氧化铜与草酸氢钾反应制备二草酸合铜（Ⅱ）酸钾。$CuSO_4$ 在碱性条件下生成 $Cu(OH)_2$ 沉淀，加热沉淀则转化为易过滤的 CuO。一定量的 $H_2C_2O_4$ 溶于水后加入 K_2CO_3 得到 KHC_2O_4 和 $K_2C_2O_4$ 混合溶液，该混合溶液与 CuO 作用制备二草酸合铜（Ⅱ）酸钾 $K_2[Cu(C_2O_4)_2]$，经水浴蒸发、浓缩冷却后得到蓝色 $K_2[Cu(C_2O_4)_2]\cdot 2H_2O$ 晶体。所涉及的反应方程式如下：

$$CuSO_4 + 2NaOH \xlongequal{} Cu(OH)_2 + Na_2SO_4$$

$$Cu(OH)_2 \xlongequal{} CuO + H_2O$$

$$2H_2C_2O_4 + K_2CO_3 \xlongequal{} 2KHC_2O_4 + CO_2\uparrow + H_2O$$

$$2KHC_2O_4 + CuO \xlongequal{} K_2[Cu(C_2O_4)_2] + H_2O$$

2. 配位滴定法测定二价铜离子的含量

以 $NH_3\cdot H_2O$-NH_4Cl 为缓冲溶液，以 0.1% PAN（0.1%百里香酚蓝的乙醇溶液）为指示剂，用 EDTA 滴定，溶液颜色由浅蓝色变为翠绿色即为终点。

3. 高锰酸钾法测定草酸根离子

用氧化还原法滴定，使用高锰酸钾法，高锰酸钾自身氧化态、还原态呈现不同的颜色，可作为自身指示剂，滴定终点为微红色。

$$5C_2O_4^{2-} + 2MnO_4^- + 16H^+ \xlongequal{} 10CO_2 + 2Mn^{2+} + 8H_2O$$

三、实验用品

仪器：称量瓶、容量瓶（250mL）、锥形瓶（250mL）、移液管（25mL）、酸式滴定管（50mL）、布氏漏斗、抽滤瓶、真空泵

固体药品：$CuSO_4\cdot 5H_2O$、$H_2C_2O_4\cdot 2H_2O$、无水 K_2CO_3、$Na_2C_2O_4$

液体药品（mol/L）：NaOH（2）、$KMnO_4$（0.02，待标定）、H_2SO_4（3）、氨水（浓）、$NH_3\cdot H_2O$-NH_4Cl 缓冲溶液、PAN 指示剂（0.1%）、EDTA 标准溶液（0.02，待标定）

四、实验内容

1. 二草酸合铜（Ⅱ）酸钾的制备

（1）制备氧化铜：称取 2.0g $CuSO_4 \cdot 5H_2O$，转入 100mL 烧杯中，加约 40mL 水溶解，在搅拌下加入 10mL 2mol/L NaOH 溶液，小火加热至沉淀变黑（生成 CuO），煮沸约 20min。稍冷后以双层滤纸抽滤，用少量去离子水洗涤沉淀两次。

（2）制备草酸氢钾：称取 3.0g $H_2C_2O_4 \cdot 2H_2O$ 放入 250mL 烧杯中，加入 40mL 去离子水，微热（温度不能超过 85℃）溶解。稍冷后分数次加入 2.2g 无水 K_2CO_3，溶解后生成 KHC_2O_4 和 $K_2C_2O_4$ 混合溶液。

（3）制备二草酸合铜（Ⅱ）酸钾：将含 KHC_2O_4 的混合溶液水浴加热，再将 CuO 连同滤纸一起加入该溶液中。水浴加热，充分反应约 30min。趁热抽滤，用少量沸水洗涤两次，将滤液转入蒸发皿中。水浴加热将滤液浓缩到约原体积的 1/2。冷却，待大量晶体析出后抽滤，晶体用滤纸吸干，将产品放在蒸发皿中，蒸汽浴加热干燥，称量。记录晶体外观和产品的质量，计算产率。

2. 试样中铜离子含量的测定

准确称取 0.17～0.19g 产物两份，分别用 15mL $NH_3 \cdot H_2O$-NH_4Cl 缓冲溶液溶解，再加入 50mL 水稀释，加入 3 滴 0.1% PAN 指示剂，用已标定的 EDTA 标准溶液滴定至溶液由浅蓝色变为翠绿色即为终点。记录所用 EDTA 的体积，计算铜离子的含量。

3. 试样中草酸根含量的测定

（1）$KMnO_4$ 溶液浓度的标定：用差减法称取基准 $Na_2C_2O_4$ 固体三份（每份 0.18～0.23g，准确至 0.0001g），分别置于 250mL 锥形瓶中。加入 25mL 蒸馏水使其溶解，加入 4mL 3mol/L H_2SO_4 溶液，水浴加热至 75～85℃（恒温 3～4min），趁热用 $KMnO_4$ 溶液滴定至淡粉色，30s 不褪色，即为终点。根据 $Na_2C_2O_4$ 的质量和消耗 $KMnO_4$ 的体积，计算 $KMnO_4$ 的浓度（mol/L）。

（2）草酸根（$C_2O_4^{2-}$）含量的测定：用差减法称取试样一份（1.45～1.55g，准确至 0.0001g）于 100mL 烧杯中，加入 25mL 蒸馏水，然后加入浓氨水 10mL，搅拌使其溶解，转移至 250mL 容量瓶中，用水稀释至刻度，摇匀。吸取 25mL 上述溶液于 250mL 锥形瓶中，加入 3mol/L H_2SO_4 溶液 10mL，加热至 75～85℃（恒温 3～4min），趁热用 0.02mol/L $KMnO_4$ 溶液滴定至淡粉色，30s 不褪色为终点，记下消耗 $KMnO_4$ 溶液的体积。平行滴定三次。计算试样中 $C_2O_4^{2-}$ 的含量（%）。

注意：

① 滴定终点的把握。

② 滴定前，一定要使样品完全溶解。

③ 水浴加热温度控制好。

五、数据记录与处理（自行设计）

六、实验习题

1. 请设计由硫酸铜合成二草酸合铜（Ⅱ）酸钾的其他方案。

2. 实验中为什么不采用氢氧化钾与草酸反应生成草酸氢钾？

3. 草酸根测定的原理是什么？

实验十四 从废锌粉制备七水合硫酸锌（Ⅱ）及锌含量的测定

一、实验目的

1. 掌握七水合硫酸锌（Ⅱ）的制备原理；

2. 熟悉溶解、沉淀、蒸发、浓缩等无机化学实验基本操作；

3. 了解控制 pH 进行沉淀分离——除杂质的方法；

4. 掌握配位滴定法测定锌的原理和操作步骤；

5. 学习测定产品中 $ZnSO_4 \cdot 7H_2O$ 质量分数及产品 pH 值的方法。

二、实验原理

采用稀硫酸溶解废锌粉，以制取硫酸锌（实际产品为七水合硫酸锌 $ZnSO_4 \cdot 7H_2O$）。反应式如下：

$$Zn + H_2SO_4 = ZnSO_4 + H_2\uparrow$$

由于废锌粉中含有铁等多种杂质，在用稀硫酸溶解锌时，同时也会溶解杂质铁变成 Fe^{2+}，可用 H_2O_2 溶液将 Fe^{2+} 变为 Fe^{3+}，反应式如下：

$$2Fe^{2+} + H_2O_2 + 2H^+ = 2Fe^{3+} + 2H_2O$$

后用氢氧化钠调节 pH 使 Zn^{2+}、Fe^{3+} 生成沉淀，再加稀硫酸控制溶液 pH，使 $Zn(OH)_2$，沉淀溶解，而 $Fe(OH)_3$ 难溶，可滤去，最后将溶液酸化到一定 pH，蒸发、浓缩、结晶可得 $ZnSO_4 \cdot 7H_2O$ 晶体。

三、实验用品

仪器：锥形瓶（250mL）、漏斗、蒸发皿、量筒、磁力搅拌器、台秤、pH 计

固体药品：废锌粉、酒石酸钾钠

液体药品（mol/L）：H_2SO_4（3）、NaOH（1、0.05）、H_2O_2（3%）、$K_3[Fe(CN)_6]$（0.1）、KSCN（0.1）、乙醇（95%）、铬黑 T 指示剂、EDTA 标准溶液（0.1000）、pH＝10 的氨缓冲溶液

四、实验内容

1. 硫酸锌晶体制备

（1）在通风橱中，于 250mL 锥形瓶中加入 2g 废锌粉（质量比 Zn：Fe＝9：1）和 10mL 3mol/L H_2SO_4（体积略低于理论值，使部分铁单质没有反应而以沉淀形式析出，可过滤除去。如此可大量减少后续步骤所需的 NaOH，从而减少副产物 Na_2SO_4 的量），放热，10min 后缓慢放出气泡，加水 20mL，温热，再反应 20min。

（2）加＜1mL H_2O_2（体积略大于理论值），剧烈反应，溶液显澄清黄色。若（1）中硫

酸所加的量不足，此时溶液的pH值可能大于3.0（用pH试纸测），溶液中出现棕色沉淀。可逐滴加入硫酸至沉淀刚好溶解，溶液澄清，pH值约在1.0左右。锥形瓶底部可见未反应的粉末。取几滴溶液加入1mL $K_3[Fe(CN)_6]$ 溶液中，无蓝色沉淀，说明溶液中已无亚铁离子。若呈现蓝色沉淀，可再加适量的 H_2O_2（总量不要超过1mL）。

（3）锥形瓶置于磁力搅拌器上，缓慢搅拌。pH电极置于其中，pH计预先定位好。逐滴加入1mol/L NaOH溶液调节pH值，可见少量淡黄色的氢氧化铁沉淀析出。当pH＝3.00，改用0.05mol/L NaOH溶液，调节pH＝4.00。尽可能做到不用 H_2SO_4 溶液回调。用 SCN^- 检测溶液中是否还存在铁离子。过滤，得无色澄清溶液。

（4）溶液置于蒸发皿中，小火加热蒸发至仅存少量液体，停止加热，略冷却（33℃时 Na_2SO_4 在水中的溶解度最大）。抽滤，不要洗涤晶体。加10mL水重结晶，抽滤时可用2～3mL 95％乙醇洗涤晶体，尽可能抽干。称量产品并计算产率。

2. 产品质量检测

（1）取少量晶体溶于水，检测是否含亚铁离子和铁离子；

（2）将产品配成50g/L的水溶液，测其pH值；

（3）分析天平准确称取约0.7g产品于烧杯中，加入40mL蒸馏水溶解，再加3g酒石酸钾钠（可略加热溶解，冷却后再滴定。用以掩蔽 Fe^{3+}，以免其封闭EDTA滴定终点的颜色变化），将溶液转移至250mL锥形瓶中，用10mL水洗涤烧杯并转入锥形瓶。加10mL pH＝10的氨缓冲溶液，4滴铬黑T指示剂，用EDTA（0.1000mol/L）标准溶液滴定到终点。平行测定2～3次，计算质量分数。

注意：

① 反应一定要在通风橱中进行，因为有氢气生成，所以不要用明火。

② 控制好pH值。

③ 过滤铁的氢氧化物最好用常压过滤。因为胶体不能用减压过滤。

五、数据记录与处理（自行设计）

六、实验习题

1. 请计算氢氧化锌不沉淀而氢氧化铁沉淀完全的pH值范围。

2. 蒸发皿中的液体如果蒸干了，对结果会有什么影响？

实验十五　用废旧易拉罐制备明矾

一、实验目的

1. 了解铝和氧化铝的两性；

2. 了解明矾的制备方法；

3. 练习和掌握溶解、过滤、结晶以及沉淀的转移和洗涤等无机制备实验基本操作。

二、实验原理

铝是一种两性元素，既与酸反应，又与碱反应。将其溶于浓氢氧化钠溶液，生成可溶性的四羟基合铝（Ⅲ）酸钠 $\{Na[Al(OH)_4]\}$，再用稀 H_2SO_4 调节溶液的 pH 值，可将其转化为氢氧化铝；氢氧化铝可溶于硫酸，生成硫酸铝。硫酸铝能同碱金属硫酸盐在水溶液中结合成一类在水中溶解度较小的同晶的复盐，如与硫酸钾生成明矾 $[KAl(SO_4)_2 \cdot 12H_2O]$。当溶液冷却时，明矾则结晶出来。反应式如下：

$$2Al + 2NaOH + 6H_2O \longrightarrow 2Na[Al(OH)_4] + 3H_2\uparrow$$

$$2Na[Al(OH)_4] + H_2SO_4 \longrightarrow 2Al(OH)_3\downarrow + Na_2SO_4 + 2H_2O$$

$$2Al(OH)_3 + 3H_2SO_4 \longrightarrow Al_2(SO_4)_3 + 6H_2O$$

$$Al_2(SO_4)_3 + K_2SO_4 + 24H_2O \longrightarrow 2KAl(SO_4)_2 \cdot 12H_2O$$

废旧易拉罐的主要成分是铝，因此本实验中采用废旧易拉罐代替纯铝制备明矾，也可采用铝箔等其他铝制品。

三、实验用品

仪器：烧杯（100mL）、量筒（20mL、10mL）、普通漏斗、布式漏斗、抽滤瓶、真空泵、表面皿、蒸发皿、水浴锅、电子天平

固体药品：易拉罐或其他铝制品（实验前充分剪碎）、NaOH、K_2SO_4

液体药品（mol/L）：H_2SO_4（浓、9、3）、无水乙醇

材料：广范 pH 试纸

四、实验步骤

1. 四羟基合铝（Ⅲ）酸钠 $\{Na[Al(OH)_4]\}$ 的制备

称取固体氢氧化钠 1g 于 100mL 烧杯中，加 20mL 水溶解。称 0.5g 剪碎的易拉罐，将烧杯置于 70℃ 水浴中加热（反应剧烈，防止溅出），分次将易拉罐碎屑放入溶液中。待反应完毕，趁热用普通漏斗过滤。

2. 氢氧化铝的生成和洗涤

在上述四羟基合铝（Ⅲ）酸钠溶液中逐滴加入约 4mL 3mol/L H_2SO_4 溶液，调节溶液 pH 值为 7～8，此时溶液中生成大量的白色氢氧化铝沉淀，抽滤，并用蒸馏水洗涤沉淀。

3. 明矾的制备

将抽滤后所得的氢氧化铝沉淀转入蒸发皿中，加 5mL 1∶1 H_2SO_4 溶液，再加 7mL 水溶解，加入 2g 硫酸钾加热至溶解（水浴 70℃），将所得溶液自然冷却后，加入 3mL 无水乙醇，待结晶完全后，减压过滤，用 5mL 1∶1 水-乙醇混合溶液洗涤晶体两次。将晶体用滤纸吸干，称重并计算产率。

4. 产品的定性分析

自己设计定性分析方法（提示：用化学方法鉴定），要求写出分析方法。

注意：

① 反应一定要在通风橱中进行，因为有氢气生成，所以不要用明火。

② 趁热过滤时，应先洗净过滤装置并预热；将滤纸准备好，待抽滤时再润湿。

五、数据记录与处理（自行设计）

六、实验习题

1. 计算用 0.5g 纯金属铝能生成多少克硫酸铝？这些硫酸铝需与多少克硫酸钾反应？
2. 若铝中含有少量铁杂质，在本实验中如何除去？

实验十六 用蛋壳制备柠檬酸钙

一、实验目的

1. 了解钙与人体健康的关系；
2. 学习用蛋壳制备柠檬酸钙的方法；
3. 树立变废为宝、资源综合利用的意识。

二、实验原理

钙是人体内的常量元素，一般人体内钙的总质量为 0.7～1.4kg。它对人类的健康、少年儿童身体发育和各种生理活动均具有极其重要的作用，也是人体内较易缺乏的无机元素之一。柠檬酸钙较其他补钙品在溶解度、酸碱性等技术指标方面更具安全性和可靠性，因此作为新一代钙源，正成为食品类补钙品的首选对象，在糕点、饼干中用做营养强化剂。

蛋壳中含 $CaCO_3$ 93.0%、$MgCO_3$ 1.0%、$Mg_3(PO_4)_2$ 2.8%、有机物 3.2%，是一种天然的优质钙源。以蛋壳为原料，采用酸碱中和法制备柠檬酸钙，具有反应工艺简单、产品收率高、质量好、不含有毒组分（重金属离子等）等优点。主要反应式有：

$$CaCO_3(\text{蛋壳}) \longrightarrow CaO + CO_2\uparrow$$

$$CaO + H_2O \longrightarrow Ca(OH)_2$$

$$2C_6H_8O_7\cdot H_2O + 3Ca(OH)_2 \longrightarrow Ca_3(C_6H_5O_7)_2\cdot 4H_2O(\text{柠檬酸钙}) + 4H_2O$$

$$CaO + 2HCl \longrightarrow CaCl_2 + H_2O$$

三、实验用品

仪器：马弗炉、蒸发皿、电子天平、电热恒温干燥箱、电磁加热搅拌器、烧杯（100mL）、带塞三角瓶

固体药品：蛋壳、蔗糖

液体药品（mol/L）：HCl 标准溶液（0.5000）、酚酞指示剂、柠檬酸（50%）

四、实验内容

1. 氧化钙的制取

称取蛋壳 10g 于蒸发皿中，稍加压碎后，送入马弗炉中，于 900～1000℃下煅烧分解 1～2h，蛋壳即转变为白色的蛋壳粉（氧化钙），称重并测定有效氧化钙的含量。

2. 柠檬酸钙的制备

将前面制得的氧化钙研细，称取 3g 于 100mL 烧杯中，加入 50mL 蒸馏水制成石灰乳，放到电磁加热搅拌器上，不断搅拌下分批加入 50% 柠檬酸溶液 15mL，控制温度在 60℃，反应约 1h。减压过滤，用蒸馏水洗涤滤饼，在干燥箱中烘干，称重，观察产品颜色。

3. 蛋壳粉有效氧化钙含量的测定

精确称取 0.4000g 研成细粉的试样，置于 250mL 带塞三角瓶中，加入 4g 蔗糖，再加入新煮沸并已冷却的蒸馏水 40mL，放到电磁搅拌器上搅拌 15min 左右，以酚酞为指示剂，用 0.5000mol/L HCl 标准溶液滴定至终点，按下式计算有效氧化钙的百分含量 [$\omega(CaO)$]：

$$w(CaO)=[0.02804\times c(HCl)V]/m\times 100\%$$

式中 $c(HCl)$——HCl 标准溶液的浓度，mol/L；

V——滴定消耗 HCl 标准溶液的体积，mL；

m——试样质量，g；

0.02804——与 1mL 1mol/L HCl 标准溶液相当的氧化钙量，g。

五、数据记录与处理（自行设计）

六、实验习题

1. 查阅相关资料，进一步了解钙与人体健康的关系。
2. 通过实验，你认为用此方法制取柠檬酸钙在工业上是否可行？

实验十七 废旧干电池的综合利用

一、实验目的

1. 了解废旧干电池中有效成分的回收利用方法；
2. 掌握无机物的提取、制备、提纯等方法。

二、实验原理

日常生活中用的干电池主要为锌锰干电池，其负极是作为电池壳体的锌电极，正极是被 MnO_2（为增强导电能力，填充有炭粉）包围着的石墨电极，电解质是氯化锌及氯化铵的糊状物，其结构如图 1 所示。其电池反应如下：

$$Zn(s)+2MnO_2(s)+2NH_4^+ = Zn^{2+}+Mn_2O_3(s)+2NH_3+H_2O$$

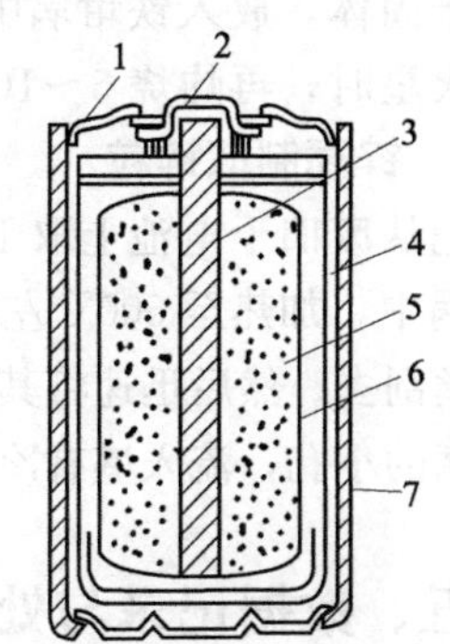

图 1 锌锰干电池结构图

1—火漆；2—黄铜帽；3—炭棒；4—锌筒；5—去极剂；6—电解液与淀粉；7—厚纸壳

在使用过程中，锌皮消耗最多，二氧化锰只起氧化作用，氯化铵作为电解质没有消耗，炭粉是填料。因而回收处理废旧干电池可以获得多种物质，如铜、锌、二氧化锰、氯化铵和炭棒等，是变废为宝的一种途径。

三、实验用品

仪器：烧杯、漏斗、蒸发皿、电炉、铁坩埚、钳子、小刀、剪刀、螺丝刀

材料：废旧干电池若干

四、实验内容

1. 废旧干电池的处理

剥去废旧干电池外层包装纸，用螺丝刀撬去顶盖，用小刀除去盖下面的沥青层，即可用钳子慢慢拔出炭棒（连同铜帽），取下铜帽集中保存，可作为实验或生产硫酸铜的原料。炭棒可留作电极使用。

用剪刀把废电池外壳剥开，取出里面的黑色物质，它是二氧化锰、炭粉、氯化铵、氯化锌等的混合物。把这些黑色物质倒入烧杯中，加入蒸馏水（按每节1#电池加入50mL水计算），搅拌溶解，澄清后进行过滤。滤液用以提取氯化铵，滤渣用以制备 MnO_2 及锰的化合物，电池的锌壳用以制备锌粒及锌盐。

2. 从滤液中提取氯化铵

将滤液倒入蒸发皿中加热蒸发，至有晶体出现时，改用小火加热并不断搅拌（以防局部过热致使氯化铵分解）。待容器内只剩下少量液体时，停止加热，冷却即得到氯化铵固体。该固体中含有少量氯化锌（$ZnCl_2$），可利用 NH_4Cl 和 $ZnCl_2$ 的溶解度不同或 NH_4Cl 350℃升华的性质，提纯 NH_4Cl。

(1) NH_4Cl 和 $ZnCl_2$ 在不同温度下的溶解度如表1所示。

表1 NH_4Cl 和 $ZnCl_2$ 不同温度下的溶解度 单位：g/100g

t/℃	0	10	20	30	40	60	80	90	100
NH_4Cl	29.4	33.2	37.2	41.4	45.8	55.3	65.3	71.2	77.3
$ZnCl_2$	342	363	395	437	452	488	541	—	614

(2) NH_4Cl 在100℃开始显著地挥发，338℃时解离，350℃时升华。

3. 从滤渣中提取 MnO_2

黑色混合物的滤渣中含有二氧化锰、炭粉和其他少量有机物。将滤渣用水冲洗5～6次后滤干固体，放入铁坩埚中，先小火烘干，然后在搅拌下高温灼烧以除去炭粉和有机物，到不冒火星时，再灼烧5～10min，冷却后得到 MnO_2。

4. 锌壳制取锌粒

把从废旧干电池上取下的锌壳，用水浸泡，洗去糊状物质。然后把锌壳敲扁，集中放在铁坩埚中，加热至500℃左右，锌即熔化（锌的熔点为419.4℃）。氧化物等杂质浮在表面，可用铁丝刮去。然后迅速将其倒在一个打有许多小孔的铁瓢中，并不停地来回振摇铁瓢。锌液穿过铁瓢的小孔，流入盛有冷水的烧杯中冷却，即形成光亮的锌粒沉积在杯底，取出晾干即可。

五、数据记录与处理（自行设计）

六、实验习题

1. 如何提纯氯化铵？

2. 从废旧干电池中可以回收哪些有用物质？

实验十八 氯化铵的制备

一、实验目的

应用已学过的溶解和结晶等理论知识，以食盐和硫酸铵为原料，制备氯化铵晶体。

二、实验要求

1. 查阅有关资料，列出不同温度下氯化钠、硫酸铵、氯化铵和硫酸钠（包括十水硫酸钠）在水中的溶解度。
2. 设计出制备20g理论量氯化铵的实验方案，进行实验。
3. 用简单方法对产品质量进行鉴定。

三、思考题

1. 食盐中的难溶性杂质在哪一步除去？
2. 食盐与硫酸铵的反应是一个复分解反应，因此在溶液中同时存在着氯化钠、硫酸铵、氯化铵和硫酸钠。根据它们在不同温度下的溶解度差异，可采取怎样的实验条件和操作步骤，使氯化铵与其他三种盐分离？在保证氯化铵产品的纯度前提下，如何提高产量？
3. 假设有150mL NH_4Cl-Na_2SO_4 混合液（质量为185g），其中氯化铵为30g，硫酸钠为40g。如果在363K左右加热，分别浓缩至120mL、100mL、80mL和70mL。根据有关溶解度数据，通过近似计算，试判断在上述不同情况下，有哪些物质能够析出？如果过滤后的溶液冷至333K和308K时，又有何种物质析出？根据这种计算，应如何控制蒸发浓缩的条件来防止氯化铵和硫酸钠同时析出？
4. 本实验要注意哪些安全操作问题？

实验十九 从铬盐生产的废渣中提取硫酸钠

硫酸钠俗称元明粉，是维尼纶、玻璃、合成洗涤剂、造纸、染料等工业的原料，通常可由生产某些化工产品中的副产品获得。例如，生产重铬酸钠时就可获得副产品硫酸钠，但由于含有重铬酸钠而限制其用途，成为废渣。利用生产钛白粉的副产品硫酸亚铁可以把铬盐厂的废渣中的硫酸钠分离提纯，以废治废，变废为宝。

一、实验目的

1. 通过对含有硫酸钠的废渣进行分离提纯，了解治理工业废渣的方法；
2. 进一步熟悉铬、铁化合物的性质；
3. 掌握一些个别离子的鉴定方法。

二、实验要求

1. 以25g含硫酸钠的铬盐工业废渣及钛白粉厂副产品硫酸亚铁为原料，制取纯无水硫酸钠。

2. 纯化后的产品，要进行质量鉴定（检验 $Cr_2O_7^{2-}$、Cr^{3+}、Fe^{3+}、Ca^{2+}、Mg^{2+}、Cl^- 等离子）。

提示：

① 含硫酸钠的废渣主要含有重铬酸钠，还有铁、钙、镁的氧化物等杂质。利用化学方法可使某些杂质以沉淀形式分离，而可溶性的杂质一般可通过重结晶方法除去。

② 提纯过程 $Cr_2O_7^{2-}$ 检查法：取 2～3 滴溶液在白色点滴板上，然后加入 1 滴 H_3PO_4（消除 Fe^{3+} 干扰），再加 1 滴二苯胺基脲，若溶液不变成紫红色，表示已无 $Cr_2O_7^{2-}$ 存在。

三、思考题

1. 本实验从铬盐生产的废渣中提取硫酸钠的基本原理是什么？
2. 为了使杂质容易分离除去，本实验应采取何种操作方法？
3. 产品的杂质离子如何检验？

实验二十　从化学实验废液中回收 Ag 和 CCl_4

化学实验室产生的废液往往含有许多贵重金属、有机溶剂以及某些有毒性的组分，通常需要回收或进行处理，以免造成药品浪费和环境污染。

含银废液中的银一般以 AgCl、AgBr、AgI 沉淀或 $[Ag(NH_3)_2]^+$、$[Ag(S_2O_3)_2]^{3-}$ 等配离子形式存在，这些银的化合物均可转化为溶解度更小的 Ag_2S 沉淀，沉淀经分离后，再利用氧化还原反应，可以将硫化银中的银还原为单质，经净化、冶炼即可得到金属 Ag。

实验回收的 CCl_4 废液中，一般溶有卤素单质 Br_2、I_2 等物质。利用物质极性相似相溶的性质，可用还原剂将疏水的非极性卤素单质 Br_2、I_2 等还原为极性的卤素负离子 Br^-、I^- 等物质，进而从 CCl_4 中被反萃取进入水相，达到回收纯 CCl_4 的目的。

一、实验目的

1. 通过对含有 Ag 和 CCl_4 的废液分别进行分离提纯，了解从废液中回收 Ag 和 CCl_4 的方法；
2. 进一步熟悉含银化合物的性质；
3. 学习反萃取。

二、实验要求

1. 设计从实验室含银废液中回收银的合理方案，并通过实验提取金属银。

2. 设计从实验室含 CCl_4 的废液中回收 CCl_4 的合理方案，并以此方案处理 500～1000mL CCl_4 废液。

三、思考题

在提纯银的过程中，若引入杂质应如何除去？

第七章 元素化学实验

实验二十一　碱金属、碱土金属、铝

一、实验目的

1. 比较碱金属、碱土金属、铝的活泼性；
2. 试验并比较碱土金属、铝的氢氧化物和盐类的溶解性；
3. 熟悉使用金属钠、钾的安全措施。

二、实验用品

仪器：烧杯（250mL）、试管（10mL）、小刀、镊子、坩埚、坩埚钳、离心试管、离心机

固体药品：钠、钾、镁条、铝片、醋酸钠、铋酸钠、二氧化铅

液体药品（mol/L）：$MgCl_2$（0.1）、$CaCl_2$（0.1）、$BaCl_2$（0.1）、$AlCl_3$（0.1）、新配制的 NaOH（2）、NaOH（6）、氨水（2）、NH_4Cl（饱和）、HCl（6、2）、H_2SO_4（2）、HAc（6、2）、K_2CrO_4（0.5）、Na_2SO_4（0.5）、Na_2CO_3（0.5）、$KMnO_4$（0.01）、$HgCl_2$（0.1）、酚酞指示剂

材料：pH 试纸、砂纸、工业滤纸或棉花

三、实验内容

（一）钠、钾、镁、铝的性质

1. 钠与空气中氧气的作用

用镊子取一小块（绿豆大小）金属钠，用滤纸吸干其表面的煤油，立即放在坩埚中加热。开始燃烧时，停止加热。观察反应情况和产物的颜色、状态。冷却后，往坩埚中加入2mL 蒸馏水使产物溶解，然后把溶液转移到一支试管中，用 pH 试纸测定溶液的酸碱性。再用 2mol/L H_2SO_4 酸化，滴加 1～2 滴 0.01mol/L $KMnO_4$ 溶液。观察紫色是否褪去。由此说明水溶液是否有 H_2O_2，从而推知钠在空气中燃烧是否有 Na_2O_2 生成。写出反应方程式。

2. 金属钠、钾、镁、铝与水的作用

分别取一小块（绿豆大小）金属钠和钾，用滤纸吸干其表面的煤油，把它们分别投入盛有 200mL 水的 500mL 烧杯中，观察反应情况。反应完毕，滴入 1～2 滴酚酞指示剂，检验溶液的酸碱性。根据反应进行的剧烈程度，说明钠、钾的金属活泼性。写出反应方程式。

取一小段镁条和一小块铝片，用砂纸擦去表面的氧化物，分别放入试管中，加入少量冷水，观察反应现象。然后加热煮沸，观察又有何现象，用酚酞指示剂检验产物酸碱性。写出反应方程式。

另取一小片铝片，用砂纸擦去表面的氧化物，然后在铝片上滴加 2 滴 0.1mol/L $HgCl_2$ 溶液，观察产物的颜色和状态。用棉花或纸将液体擦干后，将此金属置于空气中，观察铝片上长出的白色铝毛。再将铝片置于盛水的试管中，观察氢气的放出，如反应缓慢可将试管加热，观察反应现象；再滴加酚酞观察溶液颜色。写出反应方程式。

（二）镁、钙、钡、铝的氢氧化物的溶解性

1. 在 4 支试管中，分别加入浓度均为 0.1mol/L 的 $MgCl_2$、$CaCl_2$、$BaCl_2$、$AlCl_3$ 溶液各 10 滴，均加入适量新配制的 2mol/L NaOH 溶液，观察沉淀的生成并写出反应方程式。

把以上沉淀分成两份，分别加入 6mol/L NaOH 溶液和 6mol/L HCl 溶液，观察沉淀是否溶解，写出反应方程式。

2. 在 3 支试管中，分别盛有 3 滴 0.1mol/L $MgCl_2$、$CaCl_2$、$BaCl_2$，加入 10 滴 2mol/L $NH_3 \cdot H_2O$，观察生成物的颜色和状态。往有沉淀的试管中加入饱和 NH_4Cl 溶液，又有何现象？为什么？写出有关反应方程式。

（三）碱土金属的难溶盐

1. 取 10 滴 0.1mol/L $MgCl_2$、$CaCl_2$、$BaCl_2$ 溶液，分别加入 5 滴 0.5mol/L Na_2SO_4 溶液，观察有无沉淀产生。若有沉淀产生，试验产物是否溶于 2mol/L HAc 和 2mol/L HCl，若溶解，写出反应方程式。

2. 取 10 滴 0.1mol/L $CaCl_2$、$BaCl_2$ 溶液，分别加入 5 滴 0.5mol/L K_2CrO_4 溶液，观察现象，并试验产物与 2mol/L HAc 和 2mol/L HCl 溶液的反应，比较两种铬酸盐的溶解度。

3. 取 10 滴 0.1mol/L $MgCl_2$、$CaCl_2$、$BaCl_2$ 溶液，分别加入 5 滴 0.5mol/L Na_2CO_3 溶液，观察现象，并试验产物与 2mol/L HAc 溶液的反应，观察沉淀是否溶解。

（四）设计实验

一混合溶液中含有 K^+、Mg^{2+}、Ca^{2+}、Ba^{2+}，请设计分离检出步骤。

四、实验习题

1. 怎样保存钠和钾？

2. 若实验室中发生镁燃烧的事故，可否用水或二氧化碳灭火器扑灭？应用何种方法灭火？

3. 怎样用平衡移动的原理解释 $MgCl_2$ 溶液中加入氨水有沉淀产生，再加入 NH_4Cl 固体沉淀又溶解的现象？

实验二十二 氮、磷、硅、硼

一、实验目的

1. 试验并掌握不同氧化态氮的化合物的主要性质；
2. 试验磷酸盐的酸碱性和溶解性；
3. 掌握硅酸盐、硼酸的主要性质。

二、实验用品

仪器：试管、小烧杯、酒精灯、点滴板、表面皿

固体药品：氯化铵、硫酸铵、重铬酸铵、硫黄粉、锌粒、硝酸银、硝酸铅、硝酸钠、硼酸

液体药品（mol/L）：$NaNO_2$（饱和、0.5）、H_2SO_4（3）、KI（0.1）、$KMnO_4$（0.01）、HNO_3（浓、2、0.2）、NaOH（40%）、Na_3PO_4（0.1）、Na_2HPO_4（0.1）、NaH_2PO_4（0.1）、$AgNO_3$（0.1）、$CaCl_2$（0.1）、$BaCl_2$（0.1）、氨水（2）、HCl（6、2）、焦磷酸钠（0.1）、$CuSO_4$（0.1）、硅酸钠（20%）、NH_4Cl（饱和）、硼酸（饱和）、甘油、无水乙醇、硫酸（浓）

材料：红色石蕊试纸、pH 试纸、冰块、香（检验氧气用）

三、实验内容

（一）铵盐的热分解

在一支干燥的硬质试管中放入米粒大小的氯化铵固体，加热，并用润湿的 pH 试纸横放在管口，观察试纸颜色的变化。在试管壁上部有何现象发生？解释现象并写出反应方程式。

分别用硫酸铵和重铬酸铵代替氯化铵重复以上实验，观察并比较它们的热分解产物，写出反应方程式。

根据实验结果总结铵盐热分解产物与阴离子的关系。

（二）亚硝酸和亚硝酸盐的性质

1. 亚硝酸的生成和分解

分别取 10 滴饱和 $NaNO_2$ 溶液和 10 滴 3mol/L H_2SO_4 溶液于 2 支试管中，在冰水中冷却后，将 H_2SO_4 溶液加入饱和 $NaNO_2$ 溶液中，观察反应情况和产物的颜色。将试管从冰水中取出，放置片刻，观察有何现象发生？

2. 亚硝酸的氧化性和还原性

在试管中加入 2 滴 0.1mol/L KI 溶液，用 15 滴 3mol/L H_2SO_4 酸化，然后滴加 0.5mol/L $NaNO_2$ 溶液，观察现象，写出反应方程式。

用 0.01mol/L $KMnO_4$ 溶液代替 KI 溶液重复上述实验，观察溶液的颜色有何变化，写出反应方程式。

（三）硝酸和硝酸盐的性质

1. 硝酸的性质

(1) 浓硝酸与非金属作用：在试管中加入芝麻粒大小的硫黄粉，再加入一些浓硝酸（约20滴），水浴加热，观察有无气体生成，冷却，注意观察试管口，并检验溶液中的反应产物。

(2) 硝酸与金属作用：分别往3支各盛一颗锌粒的试管中加入20滴浓硝酸、20滴2mol/L HNO_3 溶液和20滴0.2mol/L HNO_3 溶液，观察反应速率和反应产物有何不同（注：实验结束后，锌粒要回收）。检查第三支试管有无铵离子存在。

气室法检验铵离子：将1颗锌与20滴0.2mol/L HNO_3 溶液反应的溶液滴到一只表面皿上，再将润湿的红色石蕊试纸贴于另一只表面皿的凹处。向装有溶液的表面皿中加一滴40%浓碱，迅速将贴有试纸的表面皿倒扣其上并且放在热水上加热。观察红色石蕊试纸是否变为蓝色（或用酚酞试纸，看是否变红色）。

2. 硝酸盐的热分解

分别试验固体硝酸银、硝酸铅、硝酸钠（米粒大小）的热分解，观察反应情况和产物的颜色，检验反应生成的气体，检验硝酸钠分解产物，写出反应方程式。

（四）磷酸盐的性质

1. 酸碱性

(1) 在点滴板上操作，用pH试纸测定0.1mol/L Na_3PO_4、Na_2HPO_4 和 NaH_2PO_4 溶液的pH值。

(2) 分别往三支试管中注入5滴0.1mol/L Na_3PO_4、Na_2HPO_4 和 NaH_2PO_4 溶液，再各加入10滴0.1mol/L $AgNO_3$ 溶液，是否有沉淀产生？

在点滴板上操作，用pH试纸试验溶液的酸碱性有无变化？解释并写出反应方程式。

2. 溶解性

分别取0.1mol/L Na_3PO_4、Na_2HPO_4 和 NaH_2PO_4 各5滴，加入5滴0.1mol/L $CaCl_2$ 溶液，观察有何现象，用pH试纸测定pH值。滴加2mol/L氨水，有何变化？再滴加过量2mol/L HCl，又有何变化？

3. 配位性

取3滴0.1mol/L $CuSO_4$ 溶液，逐滴加入0.1mol/L焦磷酸钠溶液，观察沉淀的生成。继续滴加焦磷酸钠溶液，沉淀是否溶解？写出反应方程式。

（五）硅酸与硅酸盐

1. 硅酸水凝胶的生成

往10滴20%硅酸钠溶液中滴加10滴6mol/L HCl溶液，观察产物的颜色、状态。

2. 硅酸盐的水解

用pH试纸测定20%硅酸钠的酸碱性，然后向10滴此溶液中，加入20滴饱和 NH_4Cl 溶液，有何现象？用湿润的pH试纸检验逸出的气体（必要时可加热），写出反应方程式。

（六）硼酸及硼酸的焰色鉴定反应

1. 硼酸的性质

取10滴饱和硼酸溶液，用pH试纸测其pH值。在硼酸溶液中滴入3～4滴甘油，再测溶液的 pH 值，写出反应方程式。

该实验说明硼酸具有什么性质？

2. 硼酸的鉴定反应

在蒸发皿中放入米粒大小的硼酸晶体、25 滴无水乙醇和 5 滴浓硫酸，搅匀后明火点燃，观察火焰的颜色有何特征，写出反应方程式。

（七）设计实验

1. 试用最简单的方法鉴别固体 $NaHCO_3$、Na_2CO_3、$Na_2B_4O_7$、$NaNO_2$。

2. 现有一瓶白色粉末状固体，它可能是碳酸钠、硝酸钠、硫酸钠、氯化钠、溴化钠、磷酸钠中的任意一种。试设计鉴别方案。

四、实验习题

1. 用酸溶解磷酸银沉淀，在盐酸、硫酸、硝酸中选用哪一种最适宜？为什么？

2. 为什么一般情况下不用硝酸作为酸性反应介质？硝酸与金属反应和稀硫酸或稀盐酸与金属反应有何不同？

实验二十三 卤素、氧、硫

一、实验目的

1. 掌握 Cl_2、Br_2、I_2 的氧化性相对大小；
2. 掌握次氯酸盐、氯酸盐强氧化性的区别；
3. 掌握 H_2O_2 的某些重要性质；
4. 掌握不同氧化态硫的化合物的主要性质。

二、实验用品

仪器：试管、小烧杯、离心试管、离心机

固体药品：$K_2S_2O_8$

液体药品（mol/L）：$KClO_3$（0.1）、NaOH（2）、H_2SO_4（3）、HCl（浓、6、2）、KBr（0.1）、KI（0.1）、HNO_3（浓）、$FeSO_4$（0.1）、KSCN（0.1）、$Pb(NO_3)_2$（0.1）、Na_2S（0.1）、$KMnO_4$（0.01）、$K_2Cr_2O_7$（0.1）、Na_2SO_3（0.5）、$Na_2S_2O_3$（0.1）、$MnSO_4$（0.1）、$BaCl_2$（0.1）、$CdSO_4$（0.1）、$CuSO_4$（0.1）、$AgNO_3$（0.1）、H_2O_2（3%）、CCl_4、品红溶液、氯水、溴水、碘水、硫代乙酰胺溶液（5%）（或饱和 H_2S 溶液）、饱和次氯酸钠溶液

材料：pH 试纸

三、实验内容

（一）卤素及其化合物的基本性质

1. 卤素的氧化性

在一支小试管中，滴入 5 滴 0.1mol/L KBr 溶液、20 滴 CCl_4，再加入氯水，边加边振

荡，观察 CCl_4 层的颜色。

在一支小试管中，滴入 5 滴 0.1mol/L KI 溶液、20 滴 CCl_4，再加入氯水，边加边振荡，观察 CCl_4 层的颜色。

在一支小试管中，滴入 5 滴 0.1mol/L KI 溶液、20 滴 CCl_4，再加入溴水，边加边振荡，观察 CCl_4 层的颜色。

根据以上实验比较卤素氧化性的相对大小，并写出反应方程式。

2. 次氯酸盐的氧化性

取 4 支试管分别加入 10 滴次氯酸钠溶液。

向第一支试管中先加入 5 滴 3mol/L H_2SO_4 溶液，再加 4～5 滴 0.1mol/L KI 溶液；

第二支试管中加入 4～5 滴 0.1mol/L $MnSO_4$ 溶液；

第三支试管中加入 4～5 滴浓盐酸；

第四支试管中加入 1 滴品红溶液。

观察以上实验现象，并写出反应方程式。

3. 氯酸钾的氧化性

向 10 滴 0.1mol/L KI 溶液中滴入几滴 0.1mol/L $KClO_3$ 溶液，观察有何现象。再用 3mol/L H_2SO_4 溶液酸化，观察溶液颜色的变化，若无明显现象可加热。继续往该溶液中滴加 $KClO_3$ 溶液，又有何变化。解释以上实验现象，写出反应方程式。

（二）H_2O_2 的性质

1. 过氧化氢的氧化性

取 3 滴 0.1mol/L $FeSO_4$ 溶液，加 1 滴 3mol/L H_2SO_4 溶液酸化，然后滴加 3 滴 3% H_2O_2 溶液。加入 2 滴 0.1mol/L KSCN 溶液检验 Fe^{3+}。写出反应方程式。

往试管中加入 2 滴 0.1mol/L $Pb(NO_3)_2$ 溶液，滴加 5% 硫代乙酰胺溶液，加热。将生成的黑色 PbS 沉淀离心分离并洗涤。然后往沉淀上滴加 3% H_2O_2 溶液，观察沉淀的颜色变化。写出反应方程式。

2. 过氧化氢的还原性

往试管中加入 1 滴 0.01mol/L $KMnO_4$ 溶液，再加入 1 滴 3mol/L H_2SO_4 溶液，然后逐滴加入 3% H_2O_2 溶液，观察溶液的颜色变化。写出反应方程式。

（三）硫的化合物的性质

1. 金属硫化物的生成和溶解

取 3 支离心试管，分别加入 0.1mol/L $MnSO_4$、0.1mol/L $CdSO_4$、0.1mol/L $CuSO_4$ 溶液 3 滴，然后各加入 3 滴 0.1mol/L Na_2S 水溶液，离心沉淀，弃去上层清液，观察生成的沉淀颜色。并将后两种沉淀分成两份。

取上述所得各种沉淀，分别进行下列实验。

(1) 在 MnS 沉淀中加入 2mol/L HCl 溶液；

(2) 在 CdS 沉淀中分别加入 6mol/L HCl 溶液和浓盐酸；

(3) 在 CuS 沉淀中分别加入浓盐酸和浓硝酸；

总结几种硫化物的溶解情况，并写出反应方程式。

2. 亚硫酸盐的性质

往试管中加入 2mL 0.5mol/L Na_2SO_3 溶液，用 3mol/L H_2SO_4 溶液酸化，观察有无气

体产生。用湿润的 pH 试纸移近管口，有何现象？然后将溶液分成两份，一份滴加 5%硫代乙酰胺溶液，另一份滴加 0.1mol/L $K_2Cr_2O_7$ 溶液，观察现象，说明亚硫酸盐的性质。写出反应方程式。

3. 硫代硫酸盐的性质

用 0.1mol/L $Na_2S_2O_3$ 溶液进行下列实验，观察现象并写出反应方程式。

(1) 取少量 $Na_2S_2O_3$ 溶液，用 3mol/L H_2SO_4 溶液酸化；

(2) 取 10 滴碘水，滴加 $Na_2S_2O_3$ 溶液；

(3) 取 10 滴 $Na_2S_2O_3$ 溶液，加 2 滴 2mol/L NaOH 溶液，滴加氯水。检验产物中有无 SO_4^{2-} 存在（需放置时间长些）；

(4) 在 10 滴 0.1mol/L $AgNO_3$ 溶液中，加 1～2 滴 $Na_2S_2O_3$ 溶液，观察沉淀的产生及沉淀颜色的变化；

(5) 取 10 滴 $Na_2S_2O_3$ 溶液，加 1～2 滴 0.1mol/L $AgNO_3$，又有何现象？

根据以上实验，总结硫代硫酸及其盐的性质。

4. 过二硫酸盐的氧化性

在试管中加入 1mL 3mol/L H_2SO_4 溶液、3mL 去离子水、1 滴 0.1mol/L $MnSO_4$ 溶液，混合均匀后分为两份。

在第一份溶液中加入少量过二硫酸钾固体；第二份溶液中加入 1 滴 0.1mol/L $AgNO_3$ 溶液和少量过二硫酸钾固体。将两支试管同时放入同一个热水浴中加热，观察溶液颜色有何变化。比较实验结果，写出反应方程式并解释。

（四）设计实验

1. 请利用卤素置换次序的不同，制作一封“保密信”。

2. 设计一实验说明介质的酸碱性对 H_2O_2 氧化还原性质的影响。

3. 一个含 S^{2-}、SO_3^{2-}、$S_2O_3^{2-}$ 的混合溶液，请自行设计分离步骤，并分别检出以上三种离子。

4. 现有五种已失落标签的试剂，分别是 Na_2S、Na_2SO_3、$Na_2S_2O_3$、Na_2SO_4、$K_2S_2O_8$，试设法鉴别。

四、实验习题

1. 利用 H_2O_2 的氧化性能否把黑色的 PbS 转化为白色的 $PbSO_4$，若能进行，写出反应方程式。

2. 为什么亚硫酸盐中常含有硫酸盐？怎样检验亚硫酸盐中的 SO_4^{2-}？

3. 用 pH 试纸检验气体时，必须将 pH 试纸用去离子水润湿，为什么？检验挥发性气体时，必须将检验的试纸悬放在试管口上方，为什么？

实验二十四　常见阴离子的分离与鉴定

一、实验目的

1. 熟悉常见阴离子的性质；

2. 掌握常见阴离子的分析方法。

二、实验原理

只有少数阴离子由一种元素构成，如 S^{2-}、Cl^-、Br^-、I^- 等。多数阴离子由两种或两种以上元素所构成，如 PO_4^{3-}、CO_3^{2-}、SCN^- 等，而且组成元素相同也可以形成性质完全不同的几种阴离子，如 SO_3^{2-}、$S_2O_3^{2-}$、SO_4^{2-}、$S_2O_8^{2-}$ 等。因此，虽然非金属元素不多但形成阴离子的种类却不少。此外，金属离子也可以含氧酸根或配离子等阴离子形式存在，如 CrO_4^{2-}、MnO_4^-、$Fe(CN)_6^{3-}$ 等。

本实验只讨论 S^{2-}、SO_3^{2-}、$S_2O_3^{2-}$、SO_4^{2-}、SiO_3^{2-}、PO_4^{3-}、CO_3^{2-}、Cl^-、Br^-、I^-、NO_3^-、NO_2^-、Ac^- 这 13 种常见的阴离子的分析方法。

1. 与酸的作用

有些阴离子与酸作用生成挥发性气体。例如：

$$CO_3^{2-}+2H^+ = CO_2\uparrow+H_2O$$

$$SO_3^{2-}+2H^+ = SO_2\uparrow+H_2O$$

这一性质为阴离子分析的初步实验和鉴定提供了方便。同时，一些阴离子在酸性溶液中不稳定，制备此类阴离子试液时应制成碱性溶液。

还有一些阴离子如 SiO_3^{2-} 和 $S_2O_3^{2-}$ 与酸作用产生沉淀。例如：

$$S_2O_3^{2-}+2H^+ = S\downarrow+SO_2\uparrow+H_2O$$

$$SiO_3^{2-}+2H^+ = H_2SiO_3\downarrow$$

该反应经常用来鉴定 $S_2O_3^{2-}$ 和 SiO_3^{2-}。注意：当 SiO_3^{2-} 浓度较小时与强酸作用往往形成溶胶而不析出沉淀。常见阴离子与酸反应的现象与推断如表 1 所示。

表 1　常见阴离子与酸反应的现象与推断

观察到的现象(有气泡产生)			可能的结果		说　明
气体颜色	气体气味	放出气体的性质	气体组成	存在的阴离子	
无色	无臭	放出气体时产生咝咝声，并使石灰水或 $Ba(OH)_2$ 溶液变浑浊	CO_2	CO_3^{2-}	SO_2 也能使石灰水或 $Ba(OH)_2$ 溶液变浑浊
无色	窒息性燃硫味	使碘-淀粉溶液或稀 $KMnO_4$ 溶液褪色	SO_2	SO_3^{2-}、$S_2O_3^{2-}$（同时析出 S）	H_2S 也能使碘-淀粉溶液或稀 $KMnO_4$ 溶液褪色
无色	腐蛋气味	使 $PbAc_2$ 试纸变黑	H_2S	S^{2-}	
棕色	刺激性臭味		NO、NO_2	NO_2^-	

2. 氧化还原性

许多阴离子具有氧化还原性质，如 S^{2-}、SO_3^{2-} 等可使 I_2 还原，Br^-、I^- 等可使 MnO_4^- 还原，NO_2^- 可将 I^- 氧化为 I_2 等。定性分析中通过实验氧化还原性，可以推测某些离子是否存在。

另一方面，由于氧化还原性使得有些阴离子不能共存于同一溶液，这可以简化分析过程。在一定的酸性条件下，不能共存的离子一方被鉴定出来后，另一方离子就不可能存在，不必再鉴定，在所研究的阴离子范围内，在酸性溶液中不能共存的情况如表 2 所示。

表 2 酸性溶液中不能共存的离子

阴 离 子	不能共存的阴离子
NO_2^-	SO_3^{2-}、S^{2-}、$S_2O_3^{2-}$、I^-
S^{2-}	SO_3^{2-}、NO_2^-、$S_2O_3^{2-}$
SO_3^{2-}	NO_2^-、S^{2-}
$S_2O_3^{2-}$	NO_2^-、S^{2-}
I^-	NO_2^-

3. 形成难溶盐

实验证明，只有绝大多数的钾盐、钠盐和铵盐才易溶于水。许多阴离子都能与阳离子作用生成难溶化合物。在阴离子分析中，经常采用对形成难溶银盐和钡盐的性质进行初步实验的方法，来推测某些阴离子是否存在。

阴离子的上述分析特性，使阴离子具有以下特点：

(1) 阴离子在分析过程中容易起变化，不易进行过程繁多的系统分析。

(2) 阴离子彼此共存的机会很少，且可利用的特效反应较多，有可能进行分别分析。

在阴离子的分析中，主要采用分别分析方法。只有在鉴定时，当某些阴离子发生相互干扰的情况下，才适当采取分离手段。但采用分别分析方法，并不是要针对所研究的全部离子逐一进行检验，而是先通过初步实验，用消去法排除肯定不存在的阴离子，然后对可能存在的阴离子逐个加以确定。

三、实验用品

仪器：试管、离心试管、点滴板、离心机

固体药品：硫酸亚铁

液体药品（mol/L）：Na_2CO_3（1、0.1）、Na_2S（0.5）、Na_2SO_3（0.5）、$Na_2S_2O_3$（0.5）、Na_3PO_4（0.1）、Na_2SO_4（0.1）、Na_2SiO_3（0.1）、KCl（0.1）、KBr（0.1）、KI（0.1）、NaAc（0.1）、$NaNO_3$（0.1）、$NaNO_2$（0.1）、$BaCl_2$（0.1）、$KMnO_4$（0.01）、$AgNO_3$（0.1）、H_2SO_4（3）、HNO_3（6）、HCl（6）、$Ba(OH)_2$（饱和）、酸性 KI-淀粉溶液、酸性 I_2-淀粉溶液

材料：$Pb(Ac)_2$ 试纸、pH 试纸、碘-淀粉试纸

四、实验内容

（一）与酸反应实验

1. CO_3^{2-} 的鉴定

取 10 滴 1mol/L Na_2CO_3 溶液于试管中，然后加 10 滴 3mol/L H_2SO_4 溶液，并立即将事先沾有新配制的饱和 $Ba(OH)_2$ 溶液的玻璃棒置于试管口上，仔细观察。

2. S^{2-} 的鉴定

取 10 滴 0.5mol/L Na_2S 溶液于试管中，然后加 10 滴 3mol/L H_2SO_4 溶液，注意气体的气味，并把湿润的 $Pb(Ac)_2$ 试纸置于试管口。

3. SO_3^{2-} 的鉴定

取 10 滴 0.5mol/L Na_2SO_3 溶液于试管中，然后加 10 滴 3mol/L H_2SO_4 溶液，注意气体的气味，并把湿润的碘-淀粉试纸置于试管口。

4. $S_2O_3^{2-}$ 的鉴定

取 10 滴 0.5mol/L $Na_2S_2O_3$ 溶液于试管中，然后加 10 滴 3mol/L H_2SO_4 溶液，注意气体的气味，并把湿润的碘-淀粉试纸置于试管口，并观察是否有沉淀生成。

5. NO_2^- 的鉴定

取 10 滴 0.1mol/L $NaNO_2$ 溶液于试管中，然后加 5 滴 3mol/L H_2SO_4 溶液，注意气体的气味和颜色。

（二）氧化还原性实验

1. 氧化性实验

在 13 支试管中，分别放入 2 滴酸性 KI-淀粉溶液，然后向其中加入 S^{2-}、SO_3^{2-}、$S_2O_3^{2-}$、SO_4^{2-}、SiO_3^{2-}、PO_4^{3-}、CO_3^{2-}、Cl^-、Br^-、I^-、NO_3^-、NO_2^-、Ac^-阴离子试液各 3 滴，迅速观察各支试管有何变化。

2. 还原性实验

（1）$KMnO_4$ 实验：在 13 支试管中，分别加入 1 滴 0.01mol/L $KMnO_4$ 溶液和 5 滴 3mol/L H_2SO_4 溶液，再加 15 滴水，然后向其中逐滴加入 S^{2-}、SO_3^{2}、$S_2O_3^{2}$、SO_4^{2-}、SiO_3^{2-}、PO_4^{3-}、CO_3^{2-}、Cl^-、Br^-、I^-、NO_3^-、NO_2^-、Ac^- 阴离子试液，观察溶液的颜色变化。

（2）I_2-淀粉实验：在 3 支试管中，各加入酸性 I_2-淀粉溶液 1 滴，再分别加入 S^{2-}、SO_3^{2-}、$S_2O_3^{2-}$ 试液各 5 滴，观察其变化。

3. 沉淀实验

（1）与 $BaCl_2$ 溶液的反应：在 13 支离心试管中分别滴加 S^{2-}、SO_3^{2-}、$S_2O_3^{2-}$、SO_4^{2-}、SiO_3^{2-}、PO_4^{3-}、CO_3^{2-}、Cl^-、Br^-、I^-、NO_3^-、NO_2^-、Ac^- 试液各 2 滴，然后分别向每支试管中滴加 5 滴 0.1mol/L $BaCl_2$ 溶液，仔细观察沉淀的生成、形状和颜色。将沉淀离心分离后，弃去清液，加入 10 滴 6mol/L HCl 溶液，观察沉淀有何变化。

（2）与 $AgNO_3$ 溶液的反应：在 13 支离心试管中分别滴入 2 滴 S^{2-}、SO_3^{2-}、$S_2O_3^{2-}$、SO_4^{2-}、SiO_3^{2-}、PO_4^{3-}、CO_3^{2-}、Cl^-、Br^-、I^-、NO_3^-、NO_2^-、Ac^-阴离子试液，加入 1 滴 0.1mol/L $AgNO_3$ 溶液，观察沉淀的生成、颜色及其变化。将沉淀离心分离后，弃去清液，用 6mol/L HNO_3 溶液酸化后观察何种沉淀难溶解。

注意：

① 在观察 BaS_2O_3 沉淀时，如果没有沉淀，应用玻璃棒摩擦试管壁，加速沉淀生成。

② 注意观察 $Ag_2S_2O_3$ 在空气中氧化分解的颜色变化。

③ SO_3^{2-} 会被空气氧化而含微量 SO_4^{2-}，因而会有少量 $BaSO_4$ 生成，使沉淀不能完全溶于 HCl 溶液。

④ S^{2-}试液中如果含有 SO_3^{2-}、SO_4^{2-}、CO_3^{2-} 会与 Ba^{2+}产生沉淀。

⑤ 在还原性实验时一定要注意，氧化剂 $KMnO_4$ 和 I_2-淀粉的用量一定要少，因为阴离子的浓度很低。如果氧化剂的用量较大，就不容易看到氧化剂的颜色变化。

五、实验结果记录与分析

将以上实验结果记录在表3中，写出有关的离子反应方程式，解释并分析实验现象。

表3　实验结果

阴离子	产生挥发性气体实验	氧化还原性实验			沉淀实验			
	稀 H_2SO_4	$KMnO_4$	I_2-淀粉	KI-淀粉	$BaCl_2$		$AgNO_3$	
					中性	稀 HCl	中性	稀 HNO_3
S^{2-}								
SO_3^{2-}								
$S_2O_3^{2-}$								
SO_4^{2-}								
SiO_3^{2-}								
PO_4^{3-}								
CO_3^{2-}								
Cl^-								
Br^-								
I^-								
NO_3^-								
NO_2^-								
Ac^-								

六、实验习题

1. 通过初步实验，仍不能做出哪几种阴离子是否存在的肯定性判断？

2. 一中性溶液中含有 Ba^{2+} 及 Ag^+，什么阴离子可能存在？

3. 在氧化还原性实验中，稀 HNO_3 溶液、稀 HCl 溶液和浓 H_2SO_4 溶液是否可以代替稀 H_2SO_4 溶液酸化试液，为什么？

4. 有酸性未知溶液，定性分析报告如下：

(1) Fe^{3+}、Na^+、SO_4^{2-}、NO_2^-

(2) K^+、I^-、SO_4^{2-}、NO_2^-

(3) Na^+、Zn^{2+}、SO_4^{2-}、NO_3^-、Cl^-

(4) Ba^{2+}、Al^{3+}、Cu^{2+}、NO_3^-、CO_3^{2-}

试判断哪些分析结果的报告合理。

实验二十五　锡、铅、锑、铋

一、实验目的

试验并掌握锡、铅、锑、铋的氢氧化物和盐类的溶解性。

二、实验用品

仪器：烧杯、试管、离心试管、离心机

固体药品：醋酸钠、铋酸钠、二氧化铅

液体药品（mol/L）：新配制的 NaOH（2）、NaOH（6）、$SnCl_2$（0.1）、$Pb(NO_3)_2$（0.1）、$SbCl_3$（0.1）、$Bi(NO_3)_3$（0.1）、$SnCl_4$（0.1）、HCl（浓、6、2）、HNO_3（浓、6）、$(NH_4)_2S_x$（1）（或 Na_2S_x）、$(NH_4)_2S$（1）（或 Na_2S）、K_2CrO_4（0.1）、KI（0.1）、Na_2SO_4（0.1）、$KMnO_4$（0.01）、硫代乙酰胺溶液（5%）、$MnSO_4$（0.1）、H_2SO_4（3）

三、实验内容

（一）锡、铅、锑、铋的氢氧化物的溶解性

在 2 支试管中，分别加入 5 滴 0.1mol/L $SnCl_2$ 溶液，再加入 5 滴新配制的 2mol/L NaOH 溶液，观察沉淀的生成并写出反应方程式。

往上述沉淀中分别加入 6mol/L NaOH 溶液和 6mol/L HCl 溶液，观察沉淀是否溶解，写出反应方程式。

分别用 0.1mol/L $Pb(NO_3)_2$、$SbCl_3$、$Bi(NO_3)_3$ 代替 $SnCl_2$，重复以上实验，观察现象，写出反应方程式。

（二）锡、铅、锑和铋的难溶盐

1. 硫化物

（1）硫化亚锡、硫化锡的生成和性质：取 5 滴 0.1mol/L $SnCl_2$ 溶液和 0.1mol/L $SnCl_4$ 溶液于 2 支试管中，分别加入 5 滴 5% 硫代乙酰胺溶液，观察沉淀的颜色有何不同。往沉淀物中加入 2mol/L HCl 观察现象。

用同样的方法试验上述沉淀与 1mol/L $(NH_4)_2S$ 和 1mol/L $(NH_4)_2S_x$ 溶液的反应。

通过硫化亚锡、硫化锡的实验得出什么结论？写出反应方程式。

（2）铅、锑、铋硫化物：在三支试管中分别加入 5 滴 0.1mol/L $Pb(NO_3)_2$、$SbCl_3$、$Bi(NO_3)_3$ 溶液，然后各加入 5 滴 5% 硫代乙酰胺溶液，观察沉淀的颜色有何不同。

分别试验沉淀物与浓盐酸、2mol/L NaOH、1mol/L $(NH_4)_2S$、1mol/L $(NH_4)_2S_x$、浓硝酸溶液的反应。

2. 铅的难溶盐

（1）氯化铅：在 10 滴蒸馏水中滴入 5 滴 0.1mol/L $Pb(NO_3)_2$ 溶液，再滴入 3～5 滴 2mol/L 盐酸，即有白色氯化铅沉淀生成。

将所得白色沉淀连同溶液一起加热，沉淀是否溶解？再把溶液冷却，又有什么变化？说明氯化铅的溶解度与温度的关系。

取以上白色沉淀少许，加入浓盐酸，观察沉淀溶解情况。

（2）碘化铅：取 5 滴 0.1mol/L $Pb(NO_3)_2$ 溶液用水稀释至 1mL 后，滴加 3～5 滴 1mol/L KI 溶液，即生成橙黄色碘化铅沉淀，试验其在热水和冷水中的溶解情况。

（3）铬酸铅：取 5 滴 0.1mol/L $Pb(NO_3)_2$ 溶液，再滴加 3～5 滴 0.1mol/L K_2CrO_4 溶液，观察 $PbCrO_4$ 沉淀的生成。试验其在 6mol/L HNO_3 溶液和 6mol/L NaOH 溶液中的溶

解情况。写出反应方程式。

(4) 硫酸铅：在 1mL 蒸馏水中滴入 5 滴 0.1mol/L $Pb(NO_3)_2$ 溶液，再滴入 3～5 滴 0.1mol/L Na_2SO_4 溶液，即得白色 $PbSO_4$ 沉淀。加入少许固体 NaAc，微热，并不断搅拌，沉淀是否溶解？解释上述现象。写出反应方程式。

根据实验现象并查阅手册，填写下表。

名　称	颜　色	溶解性(水或其他试剂)	溶度积
$PbCl_2$			
PbI_2			
$PbCrO_4$			
$PbSO_4$			
PbS			
SnS			
SnS_2			

(三) PbO_2 以及 $NaBiO_3$ 的氧化性

1. 在 1 滴 0.1mol/L $MnSO_4$ 溶液中，加入 3mL 3mol/L H_2SO_4 溶液，再加入少量固体铋酸钠，微热，加少量水稀释，观察溶液颜色的变化，写出反应方程式。

2. 取极少量二氧化铅，加入 3mL 3mol/L H_2SO_4 溶液及 1 滴 0.1mol/L $MnSO_4$ 溶液，微热，观察现象。写出反应方程式。

3. 取极少量二氧化铅，加入浓盐酸，观察现象并鉴定反应产物，写出反应方程式。

(四) 设计实验

1. 今有未贴标签无色透明的氯化亚锡、四氯化锡溶液各一瓶，试设法鉴别。

2. 设计分离鉴定 $SbCl_3$ 和 $Bi(NO_3)_3$ 溶液。

四、实验习题

实验室中应如何配制 $SnCl_2$、$SbCl_3$ 和 $Bi(NO_3)_3$ 溶液？

实验二十六　铬、锰

一、实验目的

1. 掌握 Cr(Ⅲ)、Cr(Ⅵ) 重要化合物的颜色、酸碱性、氧化还原性、溶解性及其相互转化；

2. 掌握 Mn(Ⅱ)、Mn(Ⅳ)、Mn(Ⅵ)、Mn(Ⅶ) 重要化合物的颜色、酸碱性、氧化还原性、稳定性及其相互转化；

3. 掌握 Mn(Ⅱ)、Cr(Ⅲ)、Cr(Ⅵ) 的鉴定方法。

二、实验用品

仪器：试管

固体药品：Na_2SO_3、$NaBiO_3$、MnO_2

液体药品（mol/L）：NaOH（6、2）、$CrCl_3$（0.1）、HCl（浓、2）、$K_2Cr_2O_7$（0.1）、H_2O_2（3%）、K_2CrO_4（0.1）、$Pb(NO_3)_2$（0.1）、$BaCl_2$（0.1）、$AgNO_3$（0.1）、$MnSO_4$（0.1）、HNO_3（6）、$KMnO_4$（0.1、0.01）、Na_2SO_3（0.1）、H_2SO_4（3）

材料：pH 试纸、KI-淀粉试纸

三、实验内容

（一）铬化合物的生成和性质

1. Cr（Ⅲ）氧化物的两性

取 2 支试管各加 5 滴 0.1mol/L $CrCl_3$ 溶液，再逐滴加入 2mol/L NaOH 溶液，观察沉淀颜色；往其中 1 支加入过量的 2mol/L HCl 溶液，另 1 支则加入过量的 6mol/L NaOH 溶液，观察沉淀是否溶解，溶液呈什么颜色？

2. CrO_4^{2-} 和 $Cr_2O_7^{2-}$ 之间的转化

取 10 滴 0.1mol/L $K_2Cr_2O_7$ 溶液于试管中，往里面加入 10 滴 2mol/L NaOH 溶液，观察溶液的颜色，再往试管里继续加入 15 滴 2mol/L HCl 溶液，观察溶液颜色。（有兴趣的话可以按以上步骤，NaOH 和 HCl 轮流加，注意观察溶液颜色的变化。）

3. Cr（Ⅲ）与 Cr（Ⅵ）之间的转化

（1）取 2 滴 0.1mol/L $CrCl_3$ 溶液，逐滴加入 2mol/L NaOH 溶液，观察生成物的颜色和状态。加入过量 6mol/L NaOH 溶液，观察变化。在溶液中加入足量 3% H_2O_2 溶液，微热，颜色如何变化？检验溶液中的 CrO_4^{2-}，以上反应可用来鉴定 Cr(Ⅲ) 离子。

（2）在 0.1mol/L $K_2Cr_2O_7$ 溶液中，加入少量 3mol/L H_2SO_4 溶液，再加入少许 Na_2SO_3 固体，观察现象，写出反应方程式。

4. 重铬酸盐和铬酸盐的溶解性

取 5 滴 0.1mol/L K_2CrO_4 溶液和 $K_2Cr_2O_7$ 溶液于 2 支试管中，分别加入 5 滴 0.1mol/L $Pb(NO_3)_2$ 溶液，观察沉淀的颜色和状态，写出反应方程式。

分别用 0.1mol/L 的 $BaCl_2$ 溶液和 $AgNO_3$ 溶液代替 $Pb(NO_3)_2$ 溶液重复以上实验，观察产物的颜色和状态，写出反应方程式。

（二）锰化合物的生成和性质

1. $Mn(OH)_2$ 的生成和性质

分别取三份 5 滴 0.1mol/L $MnSO_4$ 溶液。

第一份：滴加新配制的 2mol/L NaOH 溶液，观察沉淀的颜色；振荡试管，观察沉淀的颜色有何变化。

第二份：滴加新配制的 2mol/L NaOH 溶液，产生沉淀后再迅速加入过量 6mol/L NaOH 溶液，观察沉淀是否溶解。

第三份：滴加新配制的 2mol/L NaOH 溶液，迅速加入 2mol/L HCl 溶液，观察沉淀是否溶解。

写出反应方程式，由此实验总结 $Mn(OH)_2$ 具有什么性质。

2. Mn（Ⅱ）的还原性

在 2 滴 0.1mol/L $MnSO_4$ 溶液中，加入 6mol/L HNO_3 溶液，再加入少许固体 $NaBiO_3$，水浴加热，观察溶液颜色的变化，写出反应方程式。

3. MnO_2 的生成和性质

(1) 向 2 滴 0.1mol/L $KMnO_4$ 溶液中逐滴加入 0.1mol/L $MnSO_4$ 溶液，观察沉淀的颜色。往沉淀中加入 3mol/L H_2SO_4 溶液和 0.1mol/L Na_2SO_3 溶液（若现象不明显可用 Na_2SO_3 固体），沉淀是否溶解？写出反应方程式。

(2) 取少量固体 MnO_2，加 1mL 浓盐酸，静置片刻，观察溶液的颜色。加热，溶液的颜色有何变化，设法检验所产生的气体，写出反应方程式。

4. $KMnO_4$ 的氧化性

分别试验高锰酸钾溶液和亚硫酸钠溶液（新配制）在酸性、近中性（去离子水）、碱性介质中的反应。根据实验结果说明在不同介质中，$KMnO_4$ 的还原产物分别是什么。

(1) 取 15 滴 3mol/L H_2SO_4 溶液，再加 10 滴 0.1mol/L Na_2SO_3 溶液，迅速加 1 滴 0.01mol/L $KMnO_4$ 溶液于试管中，观察现象，写出反应方程式。

(2) 取 2 滴 0.01mol/L $KMnO_4$ 溶液于试管中，加入 15 滴水，再加过量 0.1mol/L Na_2SO_3 溶液，观察现象，写出反应方程式。

(3) 取 10 滴 0.1mol/L Na_2SO_3 溶液于试管中，加入 15 滴 6mol/L NaOH 溶液，再加 1 滴 0.01mol/L $KMnO_4$ 溶液，观察现象，写出反应方程式。

（三）设计实验

设计试验铬（Ⅵ）化合物的氧化性（不要与书上的方案相同）。

四、实验习题

1. $Cr(OH)_3$ 和 $Mn(OH)_2$ 的酸碱性如何？
2. 选择何种氧化剂可将 Cr^{3+} 直接氧化为 $Cr_2O_7^{2-}$？
3. 在 K_2CrO_4 溶液和 $K_2Cr_2O_7$ 溶液中分别加入酸和碱，溶液的颜色有何变化？为什么？
4. $KMnO_4$ 的还原产物与溶液的 pH 有什么关系？

实验二十七 铁、钴、镍

一、实验目的

1. 试验并掌握铁（Ⅱ）、钴（Ⅱ）、镍（Ⅱ）的还原性和铁（Ⅲ）、钴（Ⅲ）、镍（Ⅲ）的氧化性；

2. 试验并掌握铁、钴、镍配合物的生成及性质。

二、实验用品

仪器：试管、离心试管、离心机

固体药品：硫酸亚铁铵、硫氰酸钾

液体药品 (mol/L)：H_2SO_4 (6、3)、HCl (浓)、NaOH (6、2)、$(NH_4)_2Fe(SO_4)_2$ (0.1)、$CoCl_2$ (0.1)、$NiSO_4$ (0.1)、KI (0.1)、$K_4[Fe(CN)_6]$ (0.1)、氨水（浓、6）、氯水（或溴水）、碘水、四氯化碳、戊醇、H_2O_2 (3%)、$FeCl_3$ (0.1)、KSCN (0.1)

材料：KI-淀粉试纸

三、实验内容

（一） 铁(Ⅱ)、钴(Ⅱ)、镍(Ⅱ)的化合物的还原性

1. 铁(Ⅱ)的还原性

(1) 酸性介质：往盛有 10 滴氯水的试管中加入 3 滴 6mol/L H_2SO_4 溶液，再加 0.1mol/L$(NH_4)_2Fe(SO_4)_2$ 溶液 10 滴，观察现象，写出反应方程式（如现象不明显，可滴加 1 滴 0.1mol/L KSCN 溶液，出现红色，证明有 Fe^{2+} 生成）。

(2) 碱性介质：一试管中加入 2mL 6mol/L NaOH 溶液煮沸，冷却。（可以 4 个同学共用）另一试管中放入 2mL 蒸馏水和 3 滴 6mol/L H_2SO_4 溶液，煮沸，赶尽溶于其中的空气，然后溶入米粒大小的硫酸亚铁铵晶体。

用一长滴管吸取 NaOH 溶液，插入 $(NH_4)_2Fe(SO_4)_2$ 溶液直至试管底部，慢慢挤出滴管中的 NaOH 溶液，观察产物颜色和状态。振荡放置一段时间，观察又有何变化，写出反应方程式。产物留作下面实验用。

2. 钴(Ⅱ)的还原性

(1) 往盛有 10 滴 0.1mol/L $CoCl_2$ 溶液的试管中加入氯水（或溴水），观察有何变化。

(2) 分别往 2 支各盛有 10 滴 0.1mol/L $CoCl_2$ 溶液的试管中滴入 10 滴 2mol/L NaOH 溶液，观察沉淀的生成。一份不振荡静置，另一份加入新配制的氯水，观察有何变化，第二份留作下面实验用。

3. 镍(Ⅱ)的还原性

(1) 往盛有 10 滴 0.1mol/L $NiSO_4$ 溶液的试管中加入氯水（或溴水），观察有何变化。

(2) 分别往 2 支各盛有 10 滴 0.1mol/L $NiSO_4$ 溶液的试管中滴入 10 滴 2mol/L NaOH 溶液，观察沉淀的生成。一份置于空气中，另一份加入新配制的氯水，观察有何变化，第二份留作下面实验用。

（二） 铁(Ⅲ)、钴(Ⅲ)、镍(Ⅲ)的化合物的氧化性

1. 在前面实验中保留下来的氢氧化铁（Ⅲ）、氢氧化钴（Ⅲ）和氢氧化镍（Ⅲ）沉淀中均加入浓盐酸，振荡后各有何变化，并用 KI-淀粉试纸检验所放出的气体。

2. 在上述制得的 $FeCl_3$ 溶液中加入 0.1mol/L KI 溶液，再加入 15 滴 CCl_4，振荡后观察现象，写出反应方程式。

（三） 配合物的生成

1. 铁的配合物

(1) 往盛有 5 滴亚铁氰化钾［六氰合铁（Ⅱ）酸钾］溶液的试管中，加入 3 滴碘水，晃动试管后，滴入 1～2 滴硫酸亚铁铵溶液，有何现象发生？写出反应方程式。此为 Fe^{2+} 的鉴定反应。

(2) 分别往 2 支各盛有 5 滴新配制的 $(NH_4)_2Fe(SO_4)_2$ 溶液的试管中加入 2 滴碘水，晃动试管后，各滴入 1 滴硫氰酸钾溶液，然后向其中一支试管加入 5 滴 3% H_2O_2 溶液，观察现象，写出反应方程式。此为 Fe^{3+} 的鉴定反应。

试从配合物的生成对电势的改变来解释为什么 $[Fe(CN)_6]^{4-}$ 能把 I_2 还原成 I^-，而 Fe^{2+} 则不能。

(3) 往 5 滴 0.1mol/L $FeCl_3$ 溶液中加入 $K_4[Fe(CN)_6]$ 溶液，观察现象，写出反应方程式。这也是鉴定 Fe^{3+} 的一种常用方法。

(4) 往盛有 3 滴 0.1mol/L $FeCl_3$ 溶液的试管中，滴入浓氨水直至过量，观察沉淀是否溶解。

2. 钴的配合物

(1) 往盛有 5 滴 0.1mol/L $CoCl_2$ 溶液的试管里加入 10 滴戊醇，再加入少量硫氰酸钾固体，振荡后，观察水相和有机相的颜色。这个反应可用来鉴定 Co^{2+}。

(2) 往盛有 5 滴 0.1mol/L $CoCl_2$ 溶液的试管里滴加浓氨水，直至生成的沉淀刚好溶解为止，静置一段时间，溶液的颜色有何变化，写出反应方程式。

3. 镍的配合物

往 4 份 10 滴 0.1mol/L $NiSO_4$ 溶液中加入过量 6mol/L 氨水，直至生成的沉淀刚好溶解，观察现象。静置片刻，再观察现象，写出离子反应方程式。

一份加入 2mol/L NaOH 溶液，一份加入 3mol/L H_2SO_4 溶液，一份加水稀释，一份煮沸，观察有何变化。

根据实验结果比较 $[Co(NH_3)_6]^{2+}$ 配离子和 $[Ni(NH_3)_6]^{2+}$ 配离子氧化还原稳定性的相对大小及溶液稳定性。

（四） 设计实验

今有一瓶含有 Fe^{2+}、Co^{2+} 和 Ni^{2+} 离子的混合液，请设计分离方法。

四、实验习题

1. 制取 $Co(OH)_3$、$Ni(OH)_3$ 时，为什么要以 Co(Ⅱ)、Ni(Ⅱ) 为原料在碱性溶液中进行转化，而不用 Co (Ⅲ)、Ni (Ⅲ) 直接制取？

2. 总结 Fe(Ⅱ、Ⅲ)、Co(Ⅱ、Ⅲ)、Ni(Ⅱ、Ⅲ) 所形成主要化合物的性质。

实验二十八　铜、银、锌、镉、汞

一、实验目的

1. 掌握铜、银、锌、镉、汞氧化物或氢氧化物的酸碱性以及硫化物的溶解性；
2. 掌握 Cu(Ⅰ)、Cu(Ⅱ) 重要化合物的性质及相互转化条件；
3. 试验铜、银、锌、镉、汞的配位能力以及亚汞离子和汞离子的转化。

二、实验用品

仪器：试管、烧杯、离心试管、玻璃棒、离心机

固体药品：碎铜屑

液体药品 (mol/L)：HCl (浓、2)、H_2SO_4(3)、HNO_3 (浓、2)、NaOH (40%新配制、6、2)、氨水 (浓、6)、$CuSO_4$ (0.5)、$ZnSO_4$ (0.5)、$CdSO_4$ (0.5)、$Hg(NO_3)_2$ (0.5)、$AgNO_3$ (0.5)、Na_2S (1)、$CuCl_2$ (0.5)、KSCN (0.1)、KI (0.1)、$Na_2S_2O_3$ (0.1)、葡萄糖溶液 (10%)

三、实验内容

（一）铜、银、锌、镉、汞氢氧化物或氧化物的生成和性质

1. 铜、锌、镉氢氧化物的生成和性质

（1）$Cu(OH)_2$：向两支盛有 3 滴 0.5mol/L $CuSO_4$ 溶液的试管中滴加 5 滴新配制的 2mol/L NaOH 溶液，观察溶液颜色及沉淀的状态。然后一份加 3mol/L H_2SO_4 溶液，一份加过量的 6mol/L NaOH 溶液，观察现象，写出反应方程式。

（2）$Zn(OH)_2$：向两支盛有 2 滴新配制的 2mol/L NaOH 溶液的试管中各滴加 0.5mol/L $ZnSO_4$ 溶液至有沉淀生成，观察溶液颜色及沉淀的状态。然后一份加 3mol/L H_2SO_4 溶液，一份加过量的 6mol/L NaOH 溶液，观察现象，写出反应方程式。

（3）$Cd(OH)_2$：向两支盛有 3 滴 0.5mol/L $CdSO_4$ 溶液的试管中滴加 5 滴新配制的 2mol/L NaOH 溶液，观察溶液颜色及沉淀的状态。然后一份加 3mol/L H_2SO_4 溶液，一份加过量的 6mol/L NaOH 溶液，观察现象，写出反应方程式。

2. 银、汞氧化物的生成和性质

（1）Ag_2O：取两份 3 滴 0.5mol/L $AgNO_3$ 溶液于离心试管中，滴加新配制的 2mol/L NaOH 溶液 5 滴，观察沉淀的颜色。离心分离，弃去溶液，往沉淀中一份加入 2mol/L HNO_3 溶液，另一份加入 2mol/L 氨水。观察现象，写出反应方程式。

（2）HgO：取两份 3 滴 0.5mol/L $Hg(NO_3)_2$ 溶液于离心试管中，滴加新配制的 2mol/L NaOH 溶液 5 滴，观察沉淀的颜色。离心分离，弃去溶液，往沉淀中一份加入 2mol/L HNO_3 溶液，另一份加入 6mol/L NaOH 溶液。观察现象，写出反应方程式。

根据以上试验，总结铜、银、锌、镉、汞氢氧化物或氧化物的酸碱性和稳定性。

（二）铜、银、锌、镉、汞的硫化物的生成和性质

分别用 1～2 滴 0.5mol/L 的 $CuSO_4$、$AgNO_3$、$ZnSO_4$、$CdSO_4$、$Hg(NO_3)_2$ 溶液与 1～2滴 1mol/L Na_2S溶液制备 CuS、Ag_2S、ZnS、CdS、HgS，观察沉淀的颜色。每种沉淀经离心分离，洗涤后分别依次加入 2mol/L HCl、浓 HCl、浓 HNO_3 和王水（自配）溶液，加热，观察沉淀溶解情况，并完成下表。

硫化物	颜色	溶解性				溶度积
		2mol/L HCl	浓盐酸	浓硝酸	王水	
CuS						
Ag_2S						
CdS						
ZnS						
HgS						

（三）铜、银、锌、镉、汞的配合物

1. 氨合物的生成

往五支分别盛有 3 滴 0.5mol/L $CuSO_4$、$AgNO_3$、$ZnSO_4$、$CdSO_4$、$Hg(NO_3)_2$ 溶液的试管中滴加 6mol/L 氨水，观察沉淀的生成，继续加入过量的 6mol/L 氨水，又有何现象

发生？写出反应方程式。

比较 Cu^{2+}、Ag^{+}、Zn^{2+}、Cd^{2+}、Hg^{2+} 离子与氨水反应有什么不同。

2. 汞配合物的生成和应用

(1) 往盛有 1 滴 0.5mol/L $Hg(NO_3)_2$ 溶液中，逐滴加入 0.1mol/L KI 溶液，观察沉淀的生成和颜色。继续滴加 KI 溶液，直至沉淀刚好溶解为止，溶液显什么颜色？写出反应方程式。

在所得的溶液中，滴入几滴 40% NaOH 溶液，再与氨水反应，观察沉淀的颜色。

(2) 往 5 滴 0.5mol/ L $Hg(NO_3)_2$ 溶液中，逐滴加入 0.1mol/L KSCN 溶液，观察最初生成的沉淀颜色；继续滴加 KSCN 溶液至沉淀溶解，观察溶液颜色；再往该溶液中加 2 滴 0.1mol/L $ZnSO_4$ 溶液，观察沉淀颜色（该反应可定性检验 Zn^{2+}），若无沉淀请用玻璃棒摩擦试管壁。

（四） 铜的其他化合物

1. 氧化亚铜的生成和性质

取两份 5 滴 0.5mol/L $CuSO_4$ 溶液，滴加过量的 6mol/L NaOH 溶液，使最初生成的蓝色沉淀溶解成深蓝色溶液。然后在溶液中加入 15 滴 10%葡萄糖溶液，混匀后微热，有黄色沉淀产生进而变成红色沉淀。写出反应方程式。

将沉淀离心分离、洗涤，一份沉淀与 15 滴 3mol/L H_2SO_4 溶液作用，静置一会，注意沉淀的变化。然后加热至沸，观察有何现象。

另一份沉淀中加入过量浓氨水，振荡静置一段时间，观察溶液的颜色。放置一段时间后，溶液为什么会变成深蓝色？写出反应方程式。

2. 氯化亚铜的生成和性质

取 2mL 0.5mol/L $CuCl_2$ 溶液，加入 1mL 浓盐酸和少量碎铜屑，加热沸腾至液体呈深棕色（绿色完全消失），继续加热直至溶液近无色。取几滴上述溶液加入 10mL 蒸馏水中，如有白色沉淀产生，则迅速把全部溶液倾入 15mL 蒸馏水中，将白色沉淀洗涤至无蓝色为止。

取少许沉淀分成两份：一份与浓氨水作用，观察现象，静置一会儿，再观察有何变化。另一份与浓盐酸作用，观察又有何变化。写出反应方程式。

3. 碘化亚铜的生成和性质

在盛有 1 滴 0.5mol/L $CuSO_4$ 溶液的试管中，边滴加 0.1mol/L KI 溶液边振荡，观察现象。再滴加适量 0.1mol/L $Na_2S_2O_3$ 溶液（不宜太多，否则会与 Cu^{+} 结合使 CuI 溶解），以除去反应中生成的碘。观察产物的颜色和状态，写出反应方程式。

（五） 设计实验

1. 一溶液中含有 Cu^{2+}、Ag^{+}、Zn^{2+} 和 Hg^{2+} 4 种离子，请设计分离鉴定方案。

2. $Zn(NO_3)_2$ 溶液中可能含有 Cd^{2+}、Fe^{3+} 和 Pb^{2+} 离子，试设计方案证明这三种杂质离子的存在。

四、实验习题

1. 在制备氯化亚铜时，能否用氯化铜和碎铜屑在弱酸性（盐酸酸化）条件下反应？为什么？

2. 根据钠、钾、钙、镁、铝、锡、铅、铜、银、锌、镉、汞的标准电极电势，推测这些金属的活动顺序。

3. 选用什么试剂来溶解下列沉淀：氢氧化铜、硫化铜、溴化铜、碘化银？

实验二十九 常见阳离子的分离与鉴定

一、实验目的

1. 掌握常见阳离子及其化合物的性质；
2. 掌握待测阳离子的分离与鉴定的条件，并能进行分离和鉴定；
3. 掌握水浴加热、离心分离和沉淀的洗涤等基本操作技术。

二、实验原理

分离和鉴定无机阳离子的方法分为系统分析法和分别分析法。系统分析法是将可能共存的常见 28 个阳离子按一定顺序，用“组试剂”将性质相似的离子逐组分离，然后再将各组离子进行分离和鉴定，如“两酸两碱”系统分析法以及 H_2S 系统分析法。分别分析法是分别取出一定量的试液设法排除对鉴定方法有干扰的离子，加入适当的试剂，直接进行鉴定的方法。

两酸两碱系统分析法是以最普通的两酸（盐酸、硫酸）、两碱（氨水、氢氧化钠）作组试剂，根据各离子氯化物、硫酸盐、氢氧化物溶解度的差异，将阳离子分为五组，然后在各

表 1 两酸两碱系统分析方案简表

第一组盐酸组	第二组硫酸组	第三组氨组	第四组碱组	第五组可溶组
HCl	H_2SO_4	NH_3-NH_4Cl	NaOH	—
氯化物难溶于水	氯化物易溶于水			
	硫酸盐难溶于水	硫酸盐易溶于水		
		氢氧化物难溶于水及氨水	在氨性条件下不产生沉淀	
			氢氧化物难溶于过量稀氢氧化钠溶液	在强碱性条件下不产生沉淀
AgCl Hg_2Cl_2 $PbCl_2$	$PbSO_4$ $BaSO_4$ $SrSO_4$ $CaSO_4$	$Fe(OH)_3$、$Al(OH)_3$ $MnO(OH)_2$、$Cr(OH)_3$ $Bi(OH)_3$、$Sb(OH)_3$ $HgNH_2Cl$、$Sb(OH)_5$	$Cu(OH)_2$ $Co(OH)_2$ $Ni(OH)_2$ $Mg(OH)_2$ $Cd(OH)_2$	$Zn(OH)_4^{2+}$ K^+ Na^+ NH_4^+

说明：

1. AgCl 沉淀溶于氨水；Hg_2Cl_2 沉淀溶于浓 HNO_3 和 H_2SO_4，Hg_2Cl_2 在氨水中难溶解，但沉淀颜色由白色变成灰色；$PbCl_2$ 沉淀溶于热水、NH_4Ac 和 NaOH 溶液。

2. $BaSO_4$ 沉淀难溶于酸；$SrSO_4$ 沉淀溶于煮沸的酸；$CaSO_4$ 溶解度较大，当 Ca^{2+} 浓度很大时，才析出沉淀；$PbSO_4$ 沉淀溶于 NaOH、饱和 NH_4Ac 溶液、热 HCl 溶液、浓 H_2SO_4 溶液，难溶于稀 H_2SO_4 溶液；Ag_2SO_4 在浓溶液中产生沉淀，溶于热水。

3. $Al(OH)_3$、$Cr(OH)_3$、$Sb(OH)_3$、$Sb(OH)_5$ 沉淀溶于过量 NaOH 溶液。

4. $Cu(OH)_2$ 溶于浓碱，$Cd(OH)_2$ 溶于热浓碱溶液。

组内根据它们的差异性进一步分离和鉴定。该法是最普通、最常见的方法。其优点是避免了有毒的硫化氢；其缺点是由于分离过程较多采用氢氧化物沉淀，而氢氧化物沉淀不容易分离，并且由于两性及生成配合物的性质以及共沉淀等原因，使组与组的分离条件不容易控制。下面简要介绍两酸两碱系统分析方法。

两酸两碱系统分析法主要是以氢氧化物的沉淀与溶解性质作为分组的基础，用 HCl、H_2SO_4、$NH_3 \cdot H_2O$、NaOH 溶液作组试剂，将阳离子分成五组，其分组依据如表 1 所示。H_2S 系统分析法的优点是分离比较完全，能较好地与离子特性及溶液中离子平衡等理论相结合，其缺点是反应时分解的硫化氢气体有毒，会污染环境。

H_2S 系统分析法主要是以硫化物溶解度不同为基础的系统分析法，以 HCl、TAA（硫代乙酰胺）、$(NH_4)_2S$ 和 $(NH_4)_2CO_3$ 为组试剂，将 25 种常见阳离子分为五组，分组情况如表 2 所示。

表 2　H_2S 系统分析方案简表

第一组盐酸组	第二组硫化氢组		第三组硫化铵组	第四组碳酸铵组	第五组易溶组
HCl	0.3mol/L HCl H_2S		$NH_3 \cdot H_2O$+ NH_4Cl、$(NH_4)_2S$	$NH_3 \cdot H_2O$+ NH_4Cl、$(NH_4)_2CO_3$	—
硫化物难溶于水				硫化物溶于水	
在稀酸中形成硫化物沉淀			在稀酸中不生成硫化物沉淀	碳酸盐难溶于水	碳酸盐溶于水
氯化物难溶于水	氯化物溶于水				
	硫化物难溶于 Na_2S	硫化物溶于 Na_2S			
Ag^+、Hg_2^{2+}、Pb^{2+}	Pb^{2+}、Bi^{3+}、 Cu^{2+}、Cd^{2+}	Hg^{2+}、As^{3+}、 As^{5+}、Sb^{3+}、 Sb^{5+}、Sn^{2+}、Sn^{4+}	Fe^{3+}、Fe^{2+}、Al^{3+}、 Co^{2+}、Mn^{2+}、Cr^{3+}、 Ni^{2+}、Zn^{2+}	Ca^{2+}、Sr^{2+}、Ba^{2+}	Mg^{2+}、 K^+、Na^+、 NH_4^+

说明：$PbCl_2$ 的溶解度较大，故只有当 Pb^{2+} 浓度较高时才产生沉淀，而且沉淀不完全。在热溶液中，$PbCl_2$ 溶解度相当大，利用此性质可使 $PbCl_2$ 与 AgCl 和 Hg_2Cl_2 分离。

三、实验用品

仪器：试管、离心试管、点滴板、离心机

固体药品：$NaBiO_3$

液体药品（mol/L）：$AgNO_3$（0.5）、$Ba(NO_3)_2$（0.5）、$Fe(NO_3)_3$（0.5）、$Cu(NO_3)_2$（0.5）、KNO_3（0.5）、HCl（6、3、1）、$NH_3 \cdot H_2O$（6、2）、HNO_3（3）、H_2SO_4（6、3）、Na_2CO_3（饱和）、HAc（6、2）、NaAc（2）、K_2CrO_4（0.1）、KSCN（0.1）、NaOH（2）、$K_4[Fe(CN)_6]$（0.1）、$Na_3[Co(NO_2)_6]$（0.1）、$Cr(NO_3)_3$（0.5）、$Mn(NO_3)_2$（0.5）、$NiCl_2$（0.1）、丁二酮肟（1%）、H_2O_2（3%）、$Pb(NO_3)_2$（0.1）

四、实验内容

1. Ag^+、Ba^{2+}、Fe^{3+}、Cu^{2+}、K^+ 混合液的分析

在离心试管中，取 0.5mol/L $AgNO_3$ 试液 2 滴、0.5mol/L $Ba(NO_3)_2$、$Fe(NO_3)_3$、$Cu(NO_3)_2$、KNO_3 试液各 5 滴，混合均匀，按以下步骤分析。

(1) HCl组的沉淀：向混合溶液中加入3mol/L HCl溶液4滴，搅拌，离心沉降，再在清液上加1mol/L HCl溶液1滴，证实已经沉淀完全后，吸出清液按（3）处理，沉淀按（2）处理。

(2) Ag^+的鉴定：将（1）中沉淀用含HCl的水洗一次（1mL H_2O加1滴1mol/L HCl溶液配成），加2滴6mol/L $NH_3 \cdot H_2O$溶解，以3mol/L HNO_3溶液酸化。白色沉淀又重新生成，表示有Ag^+存在。

(3) H_2SO_4组的沉淀及Ba^{2+}的鉴定：向（1）的清液中加入6mol/L H_2SO_4溶液2滴，搅拌，离心沉降分离，清液按（4）处理，沉淀经水洗涤后，在沉淀中加入饱和Na_2CO_3溶液3～4滴，搅拌片刻，再加入2mol/L HAc溶液和2mol/L NaAc溶液各3滴，搅拌片刻，然后加入4滴0.1mol/L K_2CrO_4溶液，产生黄色沉淀，表示有Ba^{2+}存在。

(4) 氨组的沉淀：在（3）的清液中加入过量6mol/L $NH_3 \cdot H_2O$至有明显的氨臭，加热，搅拌，离心沉降。沉淀按（5）处理，清液按（6）处理。

(5) Fe^{3+}的鉴定：取由（4）得到的沉淀，以6mol/L HCl溶液溶解，再加0.1mol/L KSCN溶液1滴，溶液呈血红色，表示有Fe^{3+}存在。

(6) 碱组的沉淀及Cu^{2+}的鉴定：由（4）得到的清液如为深蓝色，表示有Cu^{2+}存在。向其中加1mol/L HCl溶液使成微酸性，然后加2mol/L NaOH溶液至沉淀完全。离心分离，清液按（7）处理，沉淀经水洗后，加稀HCl溶液溶解，取此溶液1滴于白色点滴板上，以6mol/L HAc溶液酸化，加1滴0.1mol/L $K_4[Fe(CN)_6]$溶液，生成红棕色$Cu_2[Fe(CN)_6]$沉淀，表示有Cu^{2+}存在。

(7) K^+的鉴定：在（6）的清液中加入6mol/L HAc溶液使呈弱酸性，再加1滴$Na_3[Co(NO_2)_6]$溶液，生成黄色$K_2Na[Co(NO_2)_6]$沉淀，表示有K^+存在。

2. Fe^{3+}、Cr^{3+}、Mn^{2+}、Ni^{2+}混合液的分析

取0.5mol/L $Fe(NO_3)_3$、$Cr(NO_3)_3$、$Mn(NO_3)_2$、$NiCl_2$试液各5滴，混合均匀，按以下步骤分析：

(1) 氨组的沉淀：往混合液中加入过量2mol/L $NH_3 \cdot H_2O$至有明显的氨臭，搅拌，离心分离。清液按（2）处理，沉淀按（3）处理。

(2) Ni^{2+}的鉴定：往（1）中清液加入6mol/L HAc溶液中和，再加1滴丁二酮肟，生成鲜红色沉淀，表示有Ni^{2+}存在。

(3) Cr^{3+}与Fe^{3+}、Mn^{2+}分离：往（1）中沉淀加入5滴2mol/L NaOH溶液和5滴3%H_2O_2溶液，水浴加热，搅拌，离心分离。清液按（4）处理，沉淀按（5）处理。

(4) Cr^{3+}的鉴定：往（3）中清液加入6mol/L HAc溶液使呈弱酸性，再加1滴0.1mol/L $Pb(NO_3)_2$溶液，生成黄色沉淀，表示有Cr^{3+}存在。

(5) Fe^{3+}与Mn^{2+}分离：往（3）中沉淀加入过量3mol/L H_2SO_4溶液，搅拌，离心分离，沉淀按（6）处理，清液按（7）处理。

(6) Mn^{2+}的鉴定：往（5）中沉淀加入5滴3mol/L H_2SO_4溶液和少量$NaBiO_3$固体，溶液变为紫红色，表示有Mn^{2+}存在。

(7) Fe^{3+}的鉴定：往（5）中清液再加0.1mol/L KSCN溶液1滴，溶液呈血红色，表示有Fe^{3+}存在。

五、实验习题

1. 设计混合离子分离方案的原则是什么？

2. Ag^+、Pb^{2+}、$Hg_2{}^{2+}$三种离子分离和鉴定反应的主要条件是什么？依据是什么？

3. Fe^{3+}、Fe^{2+}、Al^{3+}、Co^{2+}、Mn^{2+}、Zn^{2+}中哪些离子的氢氧化物具有两性？哪些离子的氢氧化物不稳定？哪些离子能生成氨配合物？

4. 本实验中所列的Fe^{3+}、Cr^{3+}、Mn^{2+}、Ni^{2+}混合离子分离鉴定方案中各离子的分离鉴定顺序可否改变？

5. 怎样证明Ag^+、Pb^{2+}已沉淀完全？

6. 若将Fe^{3+}改为Fe^{2+}，在分离之前经过哪些简单的处理，就可以利用原来的方案进行分离和鉴定？

7. Pb^{2+}的鉴定中，能否用6mol/L HCl溶液代替6mol/L HAc溶液？试说明理由。

实验三十 未知物的分离与鉴定

一、实验目的

将Fe^{2+}、Co^{2+}、Ni^{2+}、Mn^{2+}、Al^{3+}、Cr^{3+}、Zn^{2+}离子进行分离和检出，并了解相应的反应条件。

二、实验要求

熟悉各离子的有关性质，如氧化还原性、氢氧化物的酸碱性、形成配合物的能力等；设计分离出各种离子的方案并进行鉴定。

三、实验原理

除Al^{3+}外，本组离子皆位于第四周期中部，它们有如下特性。

1. 离子的颜色

常见的有色阳离子除Cu^{2+}外，都在本组内。根据颜色可以推测未知物中存在的离子，但是混合离子的试液如果没有明显的颜色，并不能说明不存在某些有色离子。因为当不同的颜色互补或某有色离子被掩蔽时，颜色就会消失，例如Co^{2+}的粉红色和Ni^{2+}的浅绿色是互补色，Co^{2+}与Ni^{2+}之比等于1∶3时，溶液就近乎无色，所以要依据分析结果才能下结论。

2. 离子的氧化态与氧化还原性

本组离子除Al^{3+}、Zn^{2+}外，都具有多种氧化态。伴随着氧化态的改变，颜色与其他性质也随之变化。本组离子的许多分离、鉴定反应都与氧化态的变化有关。例如，用强氧化剂将几乎无色的Mn^{2+}氧化为紫红色的$MnO_4{}^-$，可确证Mn^{2+}的存在。又如，Cr^{3+}的还原性在酸性介质中极弱，而在碱性条件下大为增强，在碱性溶液中可以较轻易地使$Cr(OH)_4^-$氧化成CrO_4^{2-}，便于分离和检出。

3. 氢氧化物

本组离子与适量碱作用皆生成难溶的氢氧化物，高氧化态离子的氢氧化物的溶解度比低氧化态的小得多。它们都是无定形沉淀，易形成胶体溶液，加热可促使它们凝聚而析出。

$FeO(OH)$、$Ni(OH)_2$、$Mn(OH)_2$ 难溶于过量的碱，$Co(OH)_2$ 稍有溶解的倾向，$Al(OH)_3$、$Zn(OH)_2$、$Cr(OH)_3$ 是典型的两性氢氧化物，与过量碱作用生成 $Al(OH)_4^-$、$Zn(OH)_4^{2-}$、$Cr(OH)_4^-$。

$Co(OH)_2$ 及 $Mn(OH)_2$ 与空气接触，会被氧化。如果在碱性溶液中，用 H_2O_2 做氧化剂，则如下氧化反应进行得快速和完全：

$$2Cr(OH)_4^- + 3HO_2^- = 2CrO_4^{2-} + OH^- + 5H_2O$$

$$2Co(OH)_2 + HO_2^- = 2CoO(OH)\downarrow + OH^- + H_2O$$

$$Mn(OH)_2 + HO_2^- = MnO(OH)_2\downarrow + OH^-$$

$CoO(OH)$、$MnO(OH)_2$ 等高价氢氧化物碱性较弱，不易溶于非还原性酸中，它们需溶于还原性酸或与还原剂同存的强酸中，以便转为离子进行鉴定：

$$2CoO(OH) + H_2O_2 + 4H^+ = 2Co^{2+} + O_2\uparrow + 4H_2O$$

$$MnO(OH)_2 + H_2O_2 + 2H^+ = Mn^{2+} + O_2\uparrow + 3H_2O$$

至于 $FeO(OH)$，则以碱性为主，能溶于非还原性酸中，得到 Fe^{3+}。

4. 配合物

本组离子形成配合物的倾向很大，此性质在鉴定上有很多应用。

(1) 利用 F^- 与 Fe^{3+} 形成无色配离子 FeF^{2+} 掩蔽 Fe^{3+}，消除用 SCN^- 鉴定 Cr^{2+} 时 Fe^{3+} 的干扰。

(2) 利用茜素磺酸钠（简称茜素 S）与 Al^{3+} 形成亮红色螯合物来鉴定 Al^{3+}，主要产物是：

O OH OH SO₃Na O + $\frac{1}{3}Al^{3+}$ ⟶ $\frac{1}{3}$Al O O OH SO₃Na O ↓ + H^+

(3) 利用 Al^{3+}、Zn^{2+} 与 NH_3 配合能力的差异可以分离 $Al(OH)_4^-$ 和 $Zn(OH)_4^{2-}$。

在 $Al(OH)_4^-$、$Zn(OH)_4^{2-}$ 混合溶液中加入 NH_4Cl，有如下不同反应：

$$Al(OH)_4^- + NH_4^+ = Al(OH)_3\downarrow + NH_3\cdot H_2O$$

$$Zn(OH)_4^{2-} + 4NH_4^+ = Zn(NH_3)_4^{2+} + 4H_2O$$

$Al(OH)_4^-$ 与 NH_4^+ 相互促进水解，形成 $Al(OH)_3$ 沉淀而与 Zn（Ⅱ）分离。

总的来说，就是利用这些离子的氧化还原性、氢氧化物的酸碱性以及形成配合物的能力的差异来分离、检出。

四、实验用品

仪器：试管、离心试管、离心机

液体药品：Fe^{2+}、Co^{2+}、Ni^{2+}、Mn^{2+}、Al^{3+}、Cr^{3+}、Zn^{2+} 的硝酸盐溶液（其他药品根据设计方案定）

第八章 开放实验

实验三十一　食品中微量元素的鉴定

一、实验目的

1. 了解并掌握鉴定食品中某些化学元素的方法；
2. 学会选择合适的化学分析方法。

二、实验原理

人体内含量少于 0.1%的化学元素称为微量元素，含量通常在亿分之一到万分之一之间。微量元素是构成人体组织和调节生理功能的重要成分，越来越多的事实证明，微量元素在人类的营养与健康长寿中起着举足轻重的作用。已为人们所知的必需微量元素有铁、锌、铜、氟、钴、碘、铬、钼、硒等十余种。另外，也有一些由于呼吸、饮食、皮肤接触等进入人体的有害微量元素，如汞、铅、砷、铍等。

1. 食物中必需微量元素的检测

(1) 大豆中微量铁的鉴定：大豆是营养丰富的食物，各类豆制品更是人们喜爱的大众化食品。大豆中不仅富含植物性蛋白质，不含胆固醇，而且还拥有一些人体所必需的微量元素，如铁、锌和铬（Ⅲ）等。

大豆中的微量铁，经样品的灰化、酸浸处理后，Fe^{3+} 与 SCN^- 反应生成血红色配合物：

$$Fe^{3+}+SCN^-=[Fe(NCS)]^{2+}$$

(2) 谷物中微量锌的鉴定：锌是维持人体正常生理活动和生长发育所必需的一种微量元素，一般坚果、豆类、谷物中含量较多。

微量锌的鉴定可采用二硫腙显色。锌与二硫腙在 pH＝4.5～5 时反应生成紫红色配合物。

$$Zn^{2+}+2S{=}C\begin{matrix}NH{-}NH{-}C_6H_5\\ N{=}N{-}C_6H_5\end{matrix} \longrightarrow S{=}C\begin{matrix}NH{-}N(C_6H_5)\\ N{=}N{-}C_6H_5\end{matrix}\!\!\rightarrow Zn \leftarrow\!\!\begin{matrix}N(C_6H_5){=}N\\ N(C_6H_5){-}NH\end{matrix}C{=}S+2H^+$$

该配合物能溶于 CCl_4 等有机溶剂中，故可用有机溶剂萃取。但 Pb^{2+} 、Fe^{3+} 、Hg^{2+} 、

Ca^{2+}、Cu^{2+} 等离子有干扰作用，可用 $Na_2S_2O_3$ 和盐酸羟胺掩蔽。

（3）海带中微量碘的鉴定：海带是营养价值和经济价值都较高的食品，特别是含有人类健康必需的微量元素碘。人体内缺少碘不但会引起甲状腺肿病，而且还会造成智力低下。

海带在碱性条件下灰化，其中的碘被有机物还原为 I^-，在酸性条件下，用 KNO_2 将 I^- 氧化为 I_2，I_2 与淀粉结合，形成蓝色化合物。

2. 食品中有害微量元素的检测

（1）油条中微量铝的鉴定：油条（或油饼）是大众化食品。为了使油条松脆可口，通常加入明矾［$KAl(SO_4)_2 \cdot 12H_2O$］和小苏打 $NaHCO_3$，因而油条含有微量铝元素。

多年前医学研究发现，当铝进入人体后，可形成牢固、难以消化的配位化合物，使其毒性增加。能引起痴呆、骨痛、贫血、甲状腺功能降低、胃液分泌减少等多种疾病。摄入过量的铝还会影响人体对磷的吸收和能量代谢，降低生物酶的活性。铝还可以引起神经细胞的死亡，并能损害心脏。日本等发达国家已明确将铝列为有害元素，并制定相应的环保法规，限制其使用和排放。

鉴定时，取小块油条切碎灰化，用 6mol/L HNO_3 溶液浸取，浸取液加巯基醋酸溶液，混匀后，加铝试剂缓冲液，加热观察，有特征的红色絮状沉淀生成，说明样品中含有铝。

（2）松花蛋中铅的鉴定：松花蛋是一种具有特殊风味的食品，但制作工艺使其往往受到铅的污染。铅进入人体后，绝大部分形成难溶的磷酸铅，沉积于骨骼，产生积累作用，主要损害骨髓造血系统和神经系统，危害极大。

在中性或酸性条件下，铅离子可与二硫腙形成一种疏水的红色配合物。

$$Pb^{2+} + 2S{=}C\begin{matrix} NH{-}NH{-}C_6H_5 \\ N{=}N{-}C_6H_5 \end{matrix} \longrightarrow S{=}C\begin{matrix} NH{-}NH(C_6H_5) \\ N{=}N{-}C_6H_5 \end{matrix} Pb \begin{matrix} N{=}N(C_6H_5) \\ N{-}NH{-}C_6H_5 \end{matrix} C{=}S + 2H^+$$

配合物可用 CCl_4 或 $CHCl_3$ 萃取。由于二硫腙是一种广泛配位剂，用它鉴定 Pb^{2+} 时，Fe^{3+}、Hg^{2+}、Ca^{2+} 和 Cu^{2+} 等离子对鉴定有干扰，可加 $Na_2S_2O_3$ 和盐酸羟胺掩蔽。

三、实验用品

仪器：高温炉、漏斗、点滴板、蒸发皿、烘箱、坩埚

液体药品（mol/L）：HCl（6、2）、H_2O_2（3%）、KSCN（0.1）、HNO_3（7、6、1）、$Na_2S_2O_3$（25%），盐酸羟胺溶液（20%）、二硫腙（0.002%）、KOH（10）、浓 H_2SO_4、淀粉试剂、KNO_2（1%）、巯基醋酸溶液（0.8%）、醋酸-醋酸钠缓冲溶液、铝试剂、柠檬酸铵（20%）、氨水（2）

食品：大豆、面粉、海带、油条、松花蛋

材料：滤纸、pH 试纸

四、实验内容

1. 大豆中微量铁的鉴定

称取 2g 大豆，放入坩埚内，于高温炉中逐渐升温至 600℃，燃烧 1h（中间宜几次打开炉门，以保证炉内有足量的氧气），得到白色灰状物。加 10mL 2mol/L HCl 溶液溶解，浸提后过滤，得到样品溶液。必要时，可在清液中滴加少量 3% H_2O_2，随后加热除去过量 H_2O_2。

在点滴板上滴加样品溶液，再滴加 0.1mol/L KSCN 溶液，观察有无血红色配合物生成。

2. 面粉中微量锌的鉴定

称取 5g 面粉，放入蒸发皿内，于高温炉中 550℃灰化 1h（中间宜几次打开炉门，以保证炉内有足量的氧气），得到灰化产物。加 2mL 6mol/L HCl 溶液，水浴蒸发至干，冷却后加少量水溶解得到样品溶液。

取 2mL 样品溶液，用 1mol/L HNO_3 溶液调节 pH=4.5～5，必要时加 pH=4.74 缓冲溶液，再加 0.5mL 25% $Na_2S_2O_3$ 溶液和 0.5mL 20%盐酸羟胺溶液，最后加约 5mL 0.002%的二硫腙的 CCl_4 溶液。剧烈振荡后，观察 CCl_4 中是否有紫红色配合物生成。

3. 海带中微量碘的鉴定

称取 2g 海带（除去泥沙后），切细后放入蒸发皿内，加入 5mL 10mol/L KOH 溶液，在烘箱中烘干，然后于高温炉中 600℃灰化 1h，得到白色灰状物。冷却后加水约 10mL，加热溶解灰分并过滤。用约 30mL 热水分几次洗涤蒸发皿和滤纸，所得溶液供鉴定用。

取 2mL 样品溶液，加 2mL 浓 H_2SO_4 酸化，加 1mL 淀粉试剂和 2mL 1% KNO_2 溶液，放置片刻，观察溶液是否变蓝色。

4. 油条中微量铝的鉴定

称取 5g 油条切碎放入蒸发皿内，于高温炉中 600℃灰化 1h，得到白色灰状物。冷却后加入 2mL 6mol/L HNO_3 溶液，水浴蒸干，将产物用少量水溶解，得样品溶液。

取 2mL 样品溶液，加 5 滴 0.8%巯基醋酸溶液，摇匀后再加 1mL 铝试剂缓冲溶液，水浴加热，观察有无红色溶液生成。

5. 松花蛋中铅的鉴定

称取松花蛋 1/4 个（约 20g），加少量水于蒸发皿中捣碎，水浴蒸发，于高温炉中 600℃灰化 1h，呈灰状物。冷却后，加入 7mol/L HNO_3 溶液溶解（必要时可过滤），即得样品溶液。

取 2mL 样品溶液，加 20%柠檬酸铵溶液和 1mL20%盐酸羟胺溶液，用 2mol/L 氨水调节 pH=9，再加入二硫腙的 CCl_4 溶液，剧烈摇动后，观察 CCl_4 中有无红色配合物生成。

五、实验习题

1. 试举出另外一种鉴定微量铁离子的方法。
2. 鉴定碘离子时，海带样品为何首先加入浓 KOH 溶液，然后再进行灼烧处理？
3. 生活中如何防止摄入较多的铝和铅元素？

实验三十二 茶叶中微量元素的分离与鉴定

一、实验目的

1. 学习从茶叶中分离和鉴定某些元素的方法；
2. 提高综合运用元素基本性质分析和解决化学问题的能力。

二、实验原理

茶叶主要由C、H、N、O等元素组成，还含有P、I、Ca、Mg、Al、Fe、Zn等微量元素。

将茶叶灰化，除几种主要元素形成易挥发物质逸出外，其他元素留在灰烟中，用酸浸取便进入溶液。可从浸取液中分离鉴定Ca、Mg、Al、Fe、Zn和P等元素。P可用钼酸铵试剂单独鉴定，其他几种金属离子需先分离后再鉴别。

溶液中的Fe^{3+}对Al^{3+}的鉴定有干扰，应先除去干扰后再进行鉴定。

利用下面给出的四种氢氧化物完全沉淀的pH数值，设计分离流程。

化合物	$Ca(OH)_2$	$Mg(OH)_2$	$Al(OH)_3$	$Fe(OH)_3$
pH	>13	>11	5.2～9	4.1

三、实验用品

仪器：蒸发皿、离心试管、离心机、酒精灯、研钵、台秤、漏斗、烧杯

液体药品（mol/L）：NaOH（40%、2）、$NH_3 \cdot H_2O$（浓、6）、HCl（2）、HNO_3（浓）、$K_4[Fe(CN)_6$（0.25）、$(NH_4)_2C_2O_4$（0.5）、铝试剂、镁试剂、钼酸铵试剂

食品：茶叶

材料：pH试纸

四、实验内容

1. 茶叶中Ca、Mg、Al、Fe元素的分离与鉴定

（1）茶叶试样的处理：称取4g干燥的茶叶，放入蒸发皿中，在通风橱内用酒精灯加热充分灰化；然后移入研钵中研细，取出少量茶叶灰作P的鉴定用，其余置于50mL烧杯中，加入15mL 2mol/L HCl溶液，加热搅拌，溶解，常压过滤，保留滤液。

（2）分离并鉴定各金属离子：向所得滤液中逐滴加入6mol/L $NH_3 \cdot H_2O$，调节pH至7左右，离心分离。上层清液转移至另一离心管（备用），在沉淀中加入过量的2mol/L NaOH溶液，然后离心分离。把沉淀和清液分开，在清液中加2滴铝试剂，再加2滴浓$NH_3 \cdot H_2O$，水浴加热，有红色絮状沉淀产生，表示有Al^{3+}。在所得的沉淀中加2mol/L HCl溶液使其溶解，然后加2滴0.25mol/L $K_4[Fe(CN)_6]$溶液，生成深蓝色沉淀，表示有Fe^{3+}。

在上面所得清液的离心管中加入0.5mol/L $(NH_4)_2C_2O_4$至无白色沉淀产生为止，离心分离，清液转至另一离心管中，向沉淀中加2mol/L HCl溶液，白色沉淀溶解，示有Ca^{2+}；

在清液中加几滴 40% NaOH，再加 2 滴镁试剂，有天蓝色沉淀产生，示有 Mg^{2+}。

2. 磷元素的分离和鉴定

取茶叶灰于 25mL 烧杯中，加 5mL 浓 HNO_3（在通风橱中进行），搅拌溶解，常压过滤得棕色透明溶液置于小试管中，在滤液中加 1mL 钼酸铵试剂，水浴加热，有黄色沉淀产生，表示有 P 元素。

3. 根据所学知识设计 Zn 和 I 元素的鉴定方法与步骤

五、实验习题

1. 请用流程图总结以上元素的分离鉴定方案，并写出实验中有关离子的反应方程式。
2. 茶叶中是否含有微量的 Cu 和 Zn？请自行设计分离方案并检验。

实验三十三　从海带中提取碘及碘化钾的制备

一、实验目的

1. 掌握萃取、过滤的原理及操作；
2. 理解从海带中提取碘的原理；
3. 复习氧化还原反应的知识。

二、实验原理

海带中含有丰富的碘，碘在其中主要的存在形式为化合态，如 KI 和 NaI。灼烧海带使碘离子能较完全地转移到水溶液中。碘离子具有较强的还原性，可被氧化生成碘单质。例如，$2I^- + Cl_2 = I_2 + 2Cl^-$，生成的碘单质在四氯化碳中的溶解度大约是在水中溶解度的 85 倍，且四氯化碳与水互不相溶，因此可用四氯化碳把生成的碘单质从水溶液中萃取出来；或者在 Na_2SO_3 存在下与 $CuSO_4$ 反应生成 CuI 沉淀，然后用浓硝酸氧化 CuI 使 I_2 析出。

$$2I^- + 2Cu^{2+} + SO_3^{2-} + H_2O \xlongequal{} 2CuI\downarrow + SO_4^{2-} + 2H^+$$

$$2CuI + 8HNO_3 \xlongequal{} 2Cu(NO_3)_2 + 4NO_2 + 4H_2O + I_2$$

制取碘化钾时，将 I_2 与 KOH 反应生成 KI 和 KIO_3，KIO_3 在碱性条件下与 H_2O_2 反应，转化为 KI。

$$3I_2 + 6KOH \xlongequal{} 5KI + KIO_3 + 3H_2O$$

$$3H_2O_2 + KIO_3 \xlongequal{} KI + 3O_2\uparrow + 3H_2O$$

三、实验用品

仪器：托盘天平、镊子、剪刀、铁架台、酒精灯、坩埚、坩埚钳、泥三角、玻璃棒、分液漏斗、烧杯

固体药品：Na_2SO_3、$CuSO_4$

液体药品（mol/L）：硫酸（3）、KOH（1）、H_2O_2（3%）、氯水、淀粉溶液、四氯化碳、浓硝酸、碘水、酒精

食品：海带

四、实验内容

（一） 氯水氧化法

1. 称取 5g 干海带，用刷子除去海带表面的附着物（不要用水洗），用酒精润湿后，放在坩埚中。

2. 加热灼烧。灼烧过程中要盖紧坩埚，防止海带飞出。最好戴防护眼镜，防止迷眼。

3. 将海带灰转移到小烧杯中，加入 10mL 蒸馏水（加水要适量），搅拌，煮沸 2～3min，过滤。

4. 向滤液中滴加几滴 3mol/L 硫酸，再加入约 1mL 氯水溶液，应观察到溶液由无色变为棕褐色。

5. 取少量上述滤液，滴加几滴淀粉溶液，观察现象，溶液应变为蓝色。

6. 将滤液放入分液漏斗中，再加入 1mL CCl_4，振荡静置。引导学生观察、描述分液现象：CCl_4 层为紫红色，水层基本无色。

（二） 硝酸氧化法

根据实验原理自行设计方案。

提示：计算出处理一定量 I^- 沉淀为 CuI 所需要的 Na_2SO_3 和 $CuSO_4 \cdot 5H_2O$ 的理论量。先后加入 Na_2SO_3 和 $CuSO_4 \cdot 5H_2O$，温度控制在 60～70℃，反应后检查 I^- 是否沉淀完全（如何检查?），过滤得固体，加入计算量的浓硝酸，待析出 I_2 沉降后，分离即得碘单质。

（三） 碘化钾的制备

将精制的 I_2 置于 150mL 烧杯中，加入 1mol/L KOH 溶液（根据 I_2 的量计算 KOH 的体积，然后稍过量）充分震荡，到无色后静置；再滴加适量的 H_2O_2，充分反应后，将溶液置于蒸发皿中，100℃水浴加热，当出现晶膜时，停止加热，冷却，抽滤，称重。

（四） 产品纯度检验

1. 氧化性杂质与还原性杂质的鉴定

将 1gKI 产品溶于 20mL 去离子水中，用 H_2SO_4 酸化后加入淀粉，5min 不变蓝色表明无氧化性离子存在。然后加入 1 滴碘水，产生的蓝色不褪色，表明无还原性离子。

2. KI 含量测定（ 自行设计测定方案 ）

注意：

① 将海带烧成灰是为了将其中各种成分转移到水溶液中，加酒精是为了使其燃烧更加充分。

② 碘在酒精中的溶解度大于在水中的溶解度，但萃取碘不可使用酒精，因为酒精和水可任意混溶。

③ 萃取实验中，要使碘尽可能全部地转移到 CCl_4 中，应加入适量的萃取溶剂，同时采取多次萃取的方法。

④ 如果用其他氧化剂（如浓硫酸、氯水、溴水等），要做后处理，如溶液的酸碱度即 pH 由酸性调到基本中性。当选用浓硫酸氧化 I^- 离子时，先取浸出碘的少量滤液放入试管

中，加入浓硫酸，再加入淀粉溶液，如观察到变蓝，可以判断碘离子已经被氧化为碘。

⑤ 要将萃取后含碘的 CCl_4 溶液分离，可以采取减压蒸馏的方法，将 CCl_4 萃取溶剂分离出去。

⑥ 过滤中要注意两“低”三“靠”：滤纸比漏斗上沿低，溶液比滤纸低；滤纸紧靠漏斗内壁，引流的玻璃棒紧靠滤纸三层处，漏斗颈口斜处紧靠烧杯内壁。

五、实验记录与处理（自行设计）

六、实验习题

1. 灼烧的作用是什么？除了灼烧外，还可以采用哪些方法来处理海带？

2. 为了将 I^- 离子氧化为碘单质，滴加氯水能否过量？还可选用什么试剂？如何检验是否有碘单质生成？

3. 碘元素在整个实验过程中是如何转化的？

4. 是否可以利用碘单质易升华的特性进行纯化？如果可以，如何进行实验？

5. 设计步骤中应该先加 Na_2SO_3 还是 $CuSO_4$，为什么？

实验三十四 趣味实验系列

一、实验目的

进一步拓宽知识面，活跃思维，激发实验兴趣。

二、实验用品

仪器：烧杯、小镊子、培养皿、蒸发皿、试管、方形平板玻璃（宽4cm）、滴管、量筒、试管夹、研钵、铁三脚架、石棉网、酒精灯、电子天平、玻璃棒、试管刷或旧牙刷

固体药品：$CoCl_2$、$CuSO_4$、$FeSO_4$、$Fe_2(SO_4)_3$、$NiSO_4$、$ZnSO_4$、锌片、铜片、草酸亚铁、琼脂、活性炭、铁粉、$CaSO_4 \cdot 0.5H_2O$、重铬酸铵、硝酸铅、葡萄糖、高锰酸钾、明矾（白矾，若干小块）、铁片、碳酸钠、氢氧化钠、漂白粉、无水 $CaCl_2$

液体药品（mol/L）：水玻璃溶液（硅酸钠水溶液，相对密度 1.3）、$SnCl_2$（0.5）、$CuCl_2$（0.5）、$AgNO_3$（0.1、0.5）、碘化钾（0.1）、食盐水（15%）、硝酸洗液（等体积的浓硝酸与饱和重铬酸钾溶液均匀混合）、浓氨水、无水乙醇（或 95%乙醇）、浓硫酸、品红溶液、$CaAc_2$ 溶液（饱和）、NaOH 溶液（40%）

材料：白色细沙、白色石子、滤纸、细木屑、大头针、塑料袋、布袋、滤纸条、深蓝色光纸、蓝色石蕊试纸、树叶、泥水、洗衣粉、蜡、旧报纸

三、实验内容

（一） 水中花园——难溶硅酸盐的形成

在烧杯底铺一层洗净的沙子和白色石子，将水玻璃溶液徐徐注入烧杯中近满，用小镊子

夹取上述固体药品 $CoCl_2$、$CuSO_4$、$FeSO_4$、$Fe_2(SO_4)_3$、$NiSO_4$、$ZnSO_4$（每种挑选如赤豆般大小的晶体）投入烧杯中。经过几分钟后，各种颜色的难溶硅酸盐像美丽的花草一样，由细沙处"生芽长大"，好像一个"水中花园"：紫色的硅酸亚钴，蓝色的硅酸铜，红棕色的硅酸铁，淡绿色的硅酸亚铁，深绿色的硅酸镍和白色的硅酸锌。

（二） 金属树的制备

1. 锡树的生成

在培养皿中，贴一张均匀润湿过 0.5mol/L $SnCl_2$ 溶液的圆形滤纸，不能有气泡，滤纸中央放入一小块锌片，盖上盖子，静置 30min 左右，即能观察到闪光的小锡树。如在显微镜下观察锡树的晶体形状，则更为清晰。

2. 铜树的生成

根据上述方法，用 0.5mol/L $CuCl_2$ 溶液代替 $SnCl_2$ 溶液，即能观察到铜树。

3. 银树的生成

用 0.1mol/L $AgNO_3$ 溶液润湿滤纸，并在滤纸中央放置一块铜片，即能观察到美丽发光的银树。

（三） 着火的铁

在干燥的试管中装入 1/4～1/5 体积的草酸亚铁（$FeC_2O_4 \cdot 2H_2O$），先小火加热后强热，并不断搅拌，待试管内草酸亚铁完全变成黑色时，移去火焰，停止加热，迅速塞上橡皮塞。稍后去除橡皮塞，倒置试管，边振动边洒落试管内的铁粉，即可观察到闪光的火星。

（四） 化学同心圆环

在 500mL 烧杯中加入 100mL 水，煮沸。边搅拌边加入 0.4g 琼脂，琼脂完全溶解停止加热。再注入 40mL0.1mol/L KI 溶液，搅匀，冷却，此时溶液的高度不低于 3cm。琼脂溶液冷却后凝结成透明的胶冻，这时在溶胶的中心位置轻轻地放一颗绿豆般大小的硝酸铅固体（注意只要放在胶冻的浮面上就可以，不必压到胶冻里面）。5～10min 后，可看到以硝酸铅晶体为中心，形成许多黄色的同心圆环。

（五） 自制化学暖袋

1. 称取 15g 小颗粒状活性炭、40g 还原铁粉、5g 细木屑放在一只烧杯中，加入 15mL 15%食盐水，搅拌均匀。

2. 用大头针在自封式塑料袋上扎几十个针眼（袋的两层同时扎穿）。把烧杯中的混合物全都加入扎过孔的塑料袋内，封上袋口。

3. 把塑料袋放入自制的布袋中，扎住袋口。反复搓擦布袋 5～8min，能感觉布袋的温度明显上升。

（六） 人造小火山

在一只蒸发皿内，用水将 $CaSO_4 \cdot 0.5H_2O$ 调成糊状。在另外一只蒸发皿的中央竖起一支试管，把糊状的石膏倒在试管的周围并堆成小山的形状。当石膏开始干时，拔出试管。在"小山"中央的洞内装满重铬酸铵固体，再在重铬酸铵固体中插一条浸透酒精的滤纸，点着滤纸，固体即被引燃，分解，从"火山口"发出嗤嗤的声音，并喷出红热的三氧化二铬固体。等分解完后，白色的小山坡上布满绿色的"岩浆"。

（七） 自制镜子

1. 清洗玻璃

取一块 4cm 宽的方形平板玻璃，用洗衣粉洗净后（洗到不沾油为止），再放在硝酸洗液中浸泡 30min，取出后用自来水将玻璃清洗干净。洗时最好用镊子夹住玻璃，尽量避免手直接接触（手上有油，会使玻璃沾上油脂，使银不易镀上去）。洗干净的玻璃表面应能够被水完全湿润，只附着一层很薄的水膜，水膜中不应有小气泡。玻璃是否洗得干净，是做好镜子的关键之一。玻璃晾干后，在一面涂上蜡。

2. 配制银氨溶液

在洗净的烧杯中加入 30mL 0.5mol/L 硝酸银溶液，并用滴管慢慢地将浓氨水滴到硝酸银溶液中，直到生成的沉淀刚好溶解为止（不能过量，以免溶液中的银离子浓度太低，影响镀银）。最后，向制得的透明银氨溶液中滴加 0.5mol/L 硝酸银溶液，只加几滴使溶液略带浑浊即可。

3. 配制葡萄糖溶液

将 2g 葡萄糖溶解在 70mL 水中，作为反应的还原剂。

4. 制作银镜

将葡萄糖溶液加到银氨溶液中，混合均匀，用镊子把玻璃片放进烧杯中，涂蜡的一面朝下，轻轻摇动烧杯。当看到玻璃表面镀上一层光亮的银膜，而溶液变成无色时，就可以用镊子将玻璃取出，小心地用清水清洗玻璃，以除去残留的溶液，但不要破坏银膜。玻璃放置晾干，在银膜上涂防锈漆或清漆。24h 后，等到漆膜干透，用小刀刮掉玻璃另一面的蜡，并用棉花球蘸上四氯化碳，擦净残余在玻璃上的蜡，就制成一面很好的镜子。

（八） 美丽的夜空

在一支试管中加入几毫升无水乙醇（95%乙醇也可以），再慢慢滴入等量的浓硫酸，在试管的背面衬一张深蓝色的反光纸，摇动几下试管将浓硫酸和乙醇混合均匀后，关闭灯光，然后将一些高锰酸钾颗粒缓慢地投入试管中，就有火花生成，由于热量对流的作用，这些闪烁的火花还会来回移动，在黑暗中犹如繁星夜空。

（九） 净水能手—明矾

1. 取 20g 明矾晶体在研钵中研细，将明矾粉末加入盛有 50mL 水的烧杯里，稍加热并不断搅拌，加速明矾的溶解和水解反应，用蓝色石蕊试纸检验，试纸变红，溶液呈酸性。

2. 取两只 100mL 的烧杯盛水 50mL，分别加入 5mL 泥水和 1mL 品红溶液，搅拌后各倒入 25mL 明矾溶液，继续搅拌静置。水中的泥沙和品红色素被氢氧化铝絮状沉淀凝聚或吸附而沉降到烧杯的底部，上面的溶液则清澈透明。

（十） 不会流动的酒精

1. 将 90mL 无水乙醇加入 100mL 烧杯中。然后加 10mL 饱和 $Ca(Ac)_2$ 溶液到无水乙醇（注意：不可搅拌），则乙醇立刻冻结。这时将烧杯倒置，让杯口朝下，乙醇也不会流出。用小刀将胶冻挖出，放在铁片上，点燃，它能像普通的液体酒精一样燃烧。

2. 称取 5g 无水氯化钙固体溶解在 20mL 无水乙醇中，然后把溶液加到盛有 8mL 40% NaOH 溶液的烧杯中（不要搅拌），也能得到一种白色的软体。用小刀刮出，放在铁片上，也能燃烧。

（十一） 叶脉书签的制作

1. 选择叶片

选择叶脉粗壮而致密的树叶，一般以常绿木本植物为佳。如桂花叶、石楠叶、木瓜叶、桉树叶、茶叶等。在叶片充分成熟并开始老化的夏末或秋季选叶制作。

2. 用碱液煮叶片

碱液的配置：按 1 升水计算，碳酸钠（大苏打）70g，氢氧化钠 50g，在烧杯内将配好的碱液煮沸后放入洗净的叶子适量，煮沸，并用玻棒轻轻拨动叶子，防止叶片叠压，使其均匀受热。煮沸 5min 左右，待叶子变黑后，捞取一片叶子，放入盛有清水的塑料盆中。检查叶肉受腐蚀和易剥离情况，如易分离即可将叶片全部捞出并放入盛有清水的塑料盆中，再逐片进行叶肉与叶脉的分离。

3. 去掉叶肉

将煮后的叶子放在玻璃板上，用试管刷或旧牙刷（软毛）在叶面上轻轻刷洗，受腐蚀的叶肉即可被刷掉，然后在水龙头下面冲洗，继续刷洗，直到叶肉全部去掉。

4. 漂白叶脉

将刷洗净的叶脉放在漂白粉溶液中漂白后捞出，用清水冲洗后夹在旧书报纸中，吸干水分后取出，即可成为叶脉书签使用。

5. 染色、绘图、写字

用红、蓝墨水或其他染色剂染成你所喜爱的颜色，亦可在上面作画、写字，最后系上丝线即成。

四、实验习题

讨论各实验的原理，写出反应方程式。

实验三十五　鸡蛋膜为模板合成多孔纳米金网络

一、实验目的

1. 了解马弗炉的使用方法；
2. 掌握利用鸡蛋膜作为模板合成纳米多孔金。

二、实验原理

鸡蛋膜上丰富的官能团易于结合金属离子，通过受热分解，原位结晶成核，最终形成类鸡蛋膜网状结构。

三、实验用品

仪器：玻璃瓶（20mL）、马弗炉（程序控温）、烘箱、坩埚、粉末衍射仪（XRD）、扫描电子显微镜（SEM）

液体药品：无水乙醇、氯金酸（10mmol/L）

材料：废弃鸡蛋膜

四、实验内容

1. 取新鲜的鸡蛋膜 7～8 片，用清水和无水乙醇分别进行清洗后，放在烘箱中 60℃烘干。

2. 称取上述干燥好的鸡蛋膜 2g，装在 20mL 玻璃瓶中，在 10mL 一定浓度（10mmol/L）的氯金酸水溶液中浸泡过夜，取出后烘箱干燥。

3. 将干燥后的鸡蛋膜装在坩埚中，于马弗炉中煅烧，以 2℃/min 的速率升温，到 500℃时恒温煅烧 3 个小时，之后自然冷却到室温。

4. 将产物进行系列表征，比如 XRD 看晶体结构，SEM 看形貌特点。具体数据请参考书后参考文献［12］、［13］。

五、实验习题

1. 考虑不同浓度的氯金酸溶液浸泡出来的形貌有啥差异？
2. 煅烧温度对结果材料有啥影响？
3. 利用同样的原理可否合成其他网络结构？

实验三十六　鸡蛋清为模板合成微纳米“银花”

一、实验目的

1. 掌握利用水溶性蛋白作为模板合成多孔微纳米材料的方法；
2. 熟悉冷冻干燥机的使用。

二、实验原理

还原反应。维生素 C 作为还原剂，还原硝酸银溶液，在蛋白调控作用下成核、生长，自组装生成花状结构。

三、实验用品

仪器：烧杯、磁力搅拌装置、玻璃瓶（20mL）、冷冻干燥机、粉末衍射仪（XRD）、扫描电子显微镜（SEM）

固定药品：维生素 C

液体药品：硝酸银（10mmol/L）、新鲜的鸡蛋清溶液（10mL）

四、实验内容

1. 取 10mL 新鲜的鸡蛋清溶液于烧杯中，加去离子水 1∶2（蛋清溶液：去离子水）稀释。

2. 取 5mL 上述溶液于 20mL 空玻璃瓶中，加入 3mL 10mmol/L $AgNO_3$ 溶液，常温磁力搅拌 10min，然后加入 5mg VC 粉末，反应 5min（注意观察溶液颜色变化），最后用去离子水和无水乙醇洗涤产物，冷冻干燥。

3. 将产物进行系列表征，例如 XRD、SEM 等。具体数据请参考书后文献［14］。

注：步骤 2 中，$AgNO_3$ 溶液的体积可以换成 5mL、8mL 等，将会得到不同的结果；若改变 $AgNO_3$ 溶液的浓度，也将会有不同的结果。

五、实验习题

1. 鸡蛋清蛋白的组分是什么？加入鸡蛋清蛋白的目的是什么？其他蛋白可以吗？

2. 维生素 C 作为一种良性的还原剂，它对硝酸银的还原机理是什么？可否还原其他无机盐类？

3. 加入蛋清蛋白的浓度对结果形貌有什么影响？

实验三十七　鸡蛋清为模板合成多孔三氧化二铁

一、实验目的

1. 掌握利用水溶性蛋白作为模板合成多孔氧化物-Fe_2O_3 材料的方法；

2. 熟悉水热法合成微纳米材料的方法；

3. 熟练使用冷冻干燥机。

二、实验原理

热分解反应。高温高压下，无机盐受热分解，在蛋白调控作用下成核、生长，自组装生成多孔氧化物结构。

三、实验用品

仪器：烧杯、马弗炉、磁力搅拌装置、水热釜（50mL）、冷冻干燥机、粉末衍射仪(XRD)、扫描电子显微镜（SEM）

固体药品：氯化铁

液体药品：新鲜的鸡蛋清溶液（10mL）、乙醇

四、实验内容

1. 分别取新鲜的鸡蛋清溶液 0.5mL，氯化铁粉末 0.405g，添加到装有 20mL 去离子水的烧杯中，磁力搅拌直到变成均一的水相溶液。

2. 再加去离子水到 25mL，将其转移到 50mL 聚四氟乙烯反应釜中，以 2℃/min 的速率升温，到 200℃时恒温反应 12h，取出样品，用水和乙醇洗，然后冷冻干燥。

3. 将产物进行系列表征，例如 XRD、SEM 等。具体数据请参考书后文献［15］。

五、实验习题：

1. 鸡蛋清蛋白的组分是什么？加入鸡蛋清蛋白的目的是什么？其他蛋白可以吗？

2. 水热法合成纳米材料的原理是什么？如何得到特定形貌的纳米结构？

3. 加入蛋清蛋白的浓度或者无机盐浓度对结果形貌有什么影响？

实验三十八 鸡蛋壳为模板制备纳米复合催化剂 （$CaCO_3$/Ag，Pt，Au）

一、实验目的

掌握复合纳米材料的合成方法。

二、实验原理

热分解反应。高温高压下，无机盐受热分解，在碳酸钙载体结构上成核、生长。

三、实验用品

仪器：筛子（100目或200目）、马弗炉、磁力搅拌装置、粉末衍射仪（XRD）、扫描电子显微镜（SEM）、坩埚

固体药品：鸡蛋壳

液体药品：$AgNO_3$（10mol/L）

四、实验内容

1. 取鸡蛋壳2g磨成一定的目数（100目或者200目），过筛，浸泡到一定体积（20mL、30mL或50mL）的$AgNO_3$溶液（10mmol/L）中，磁力搅拌混匀6h后，过滤，滤渣烘干。

2. 将烘干的滤渣放入坩埚中，以2℃/min的速率升温到500℃，恒温煅烧3h，自然冷却到室温，取出样品。

3. 将产物进行系列表征，例如XRD、SEM等。图1为产品的SEM图，仅供参考。

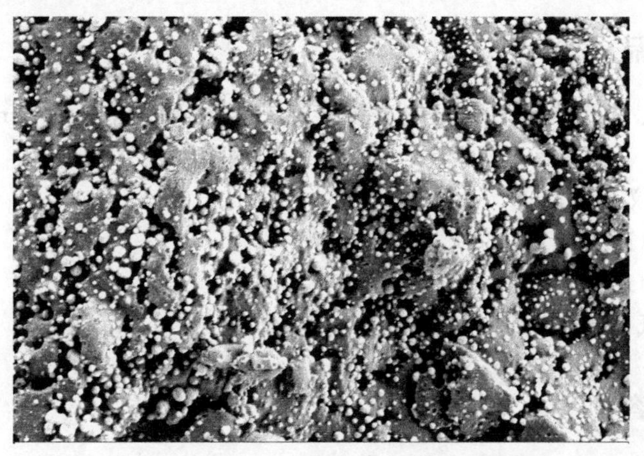

图1 产品的SEM图

五、实验习题

1. 硝酸银和碳酸钙分别在什么条件下分解？分解温度是多少？
2. 结果得到的复合材料将有哪些可能的应用？
3. 鸡蛋壳的结构有什么样的特点？
4. 浸泡不同体积或不同浓度的 $AgNO_3$ 溶液，结果会有什么不同？

实验三十九　8-羟基喹啉锌配合物的合成与发光性质研究

一、实验目的

1. 制备 8-羟基喹啉锌，了解制备实验的方法；
2. 熟练掌握水浴加热溶解、过滤、洗涤和结晶等基本操作；
3. 掌握初步检验荧光材料的方法。

二、实验原理

8-羟基喹啉锌是一种发光效率很高、性质非常稳定的荧光材料，在紫外、可见光的激发下发出强烈的蓝绿色荧光。其传输电子的能力较好，可以用作电致发光器件中的电子传输材料和发光材料。目前广泛用于有机电致发光显示器件的制备，用它制作的有机电致发光器件的寿命长、亮度高。

其制备原理为锌盐与 8-羟基喹啉反应，在 pH＝6～7 的条件下生成 8-羟基喹啉锌，反应如下：

Zn^{2+} + 2 (8-羟基喹啉，N, OH) —H=6～7→ (8-羟基喹啉锌，O, N, Zn)

$Zn(NO_3)_2 \cdot 6H_2O$ 易溶于水；8-羟基喹啉易溶于 95％乙醇溶液；生成的 8-羟基喹啉锌难溶于水，微溶于乙醇而从溶液中沉淀出来。因此可以合成目标产物。

三、实验用品

仪器：紫外灯、电子天平、控温电磁搅拌器、水浴锅、烧杯（100mL，50mL)、量筒(25mL)、布氏漏斗、抽滤瓶、真空泵、表面皿、玻璃棒、红外光谱仪、紫外光谱仪、热重分析仪、荧光光谱仪

固体药品：$Zn(NO_3)_2 \cdot 6H_2O$、8-羟基喹啉

液体药品：NaOH（2mol/L)、乙醇（95％)

材料：pH 试纸、定性滤纸

四、实验内容

1. 8-羟基喹啉乙醇溶液的制备

称取 0.87g8-羟基喹啉放入 50mL 烧杯中，加入约 12mL 95％乙醇 60℃水浴加热，电磁

搅拌至完全溶解，备用。

2. 8-羟基喹啉锌的制备

称取 0.86g $Zn(NO_3)_2 \cdot 6H_2O$ 放入 100mL 烧杯中，加入 2～3mL 去离子水，60℃水浴加热，电磁搅拌至完全溶解。慢慢加入制备好的 8-羟基喹啉乙醇溶液，然后用 2mol/L NaOH 溶液逐滴调节溶液的 pH 为 6～7，60℃继续搅拌 30min。自然冷却至室温，抽滤，用 3～5mL 去离子水和 2～3mL 95%乙醇洗涤数次，抽干，称量，计算产率。

3. 用紫外灯检验产品

用紫外灯照射合成的样品，看是否发出强的蓝绿色荧光。

4. 其他性质的表征

用红外光谱仪、紫外光谱仪、荧光光谱仪和热重分析仪测定配合物的红外、紫外、荧光光谱和热稳定性，并做分析。

五、实验习题

1. 用 NaOH 溶液调节 pH 之前，溶液呈酸性还是碱性，为什么？
2. 如果用 NaOH 溶液调节的 pH 大于 7，合成材料的荧光强度较强还是较弱，为什么？
3. 实验过程中为什么不能加太多的乙醇洗涤？
4. 实验过程中为什么要逐滴调节溶液的 pH，而不能快速调节？

实验四十 喹啉-2-甲酸锰配合物的水热合成及其性质表征

一、实验目的

1. 学习水热法合成配合物的方法；
2. 学习配合物晶体结构的描述方法；
3. 学习红外、热重、荧光等分析方法。

二、实验原理

水热合成法是指温度为 100～1000℃、压力为 1MPa～1GPa 条件下利用水溶液中物质化学反应进行合成的方法。在亚临界和超临界水热条件下，由于反应处于分子水平，反应活性提高，因而水热反应可以替代某些高温固相反应。又由于水热反应的均相成核及非均相成核机理与固相反应的扩散机制不同，因而可以创造出其他方法无法制备的新化合物和新材料。

本实验采用无机盐硫酸锰和有机化合物喹啉-2-甲酸通过水热法合成配位化合物晶体 $[MnL_2(H_2O)_2]$，其中 L 为喹啉-2-甲酸根。通过 X-射线单晶衍射测定配合物的结构。

$$2\,\text{(喹啉-2-甲酸)} + Mn^{2+} \longrightarrow [MnL_2(H_2O)_2]$$

三、实验用品

仪器：干燥箱、反应釜（25mL）、红外光谱仪、热重分析仪、X-射线单晶衍射仪、荧光光谱仪、显微镜

固体药品：$MnSO_4 \cdot H_2O$、喹啉-2-甲酸

液体药品：*N*，*N*-二甲基甲酰胺

四、实验内容

1. 配合物的合成

准确称取 2mmol 喹啉-2-甲酸，放入 25mL 反应釜中，加入 5mL *N*，*N*-二甲基甲酰胺和 9mL 蒸馏水进行充分溶解，再加入 1mmol $MnSO_4 \cdot H_2O$，搅拌均匀，拧紧盖子，放入烘箱，120℃下反应 3d，自然冷却至室温，有浅黄色透明块状晶体生成。观察晶体形貌（可用显微镜）。

2. 晶体结构的测定

挑出一颗完美单晶进行 X-射线单晶衍射实验测定配合物的晶体结构，并试着描述该配合物的晶体结构。

3. 其他性质的表征

其余的晶体过滤，用蒸馏水洗涤，烘干称重，计算产率。用红外光谱仪、荧光光谱仪和热重分析仪测定配合物的红外、荧光光谱和热稳定性，并做分析。

图 1 为配合物［$MnL_2(H_2O)_2$］的分子结构，仅供参考。

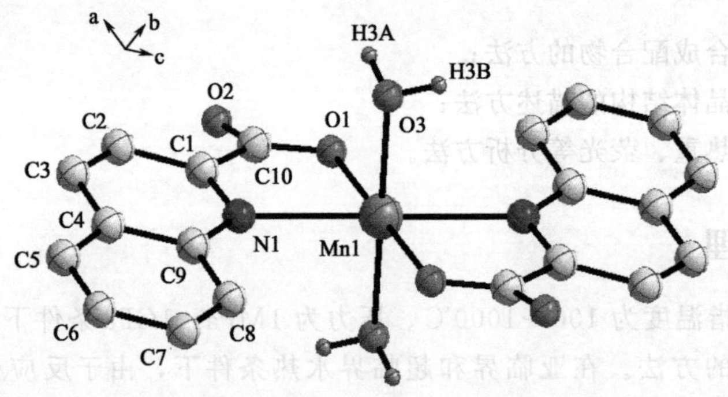

图 1　配合物［$MnL_2(H_2O)_2$］的分子结构

五、实验习题

1. 延长或缩短反应时间，对晶体的形貌有何影响？会不会影响晶体结构？
2. 升高或降低反应温度，对晶体的形貌又有何影响？会不会影响晶体结构？
3. 试讨论晶体结构与荧光强度的关系，为什么配合物的荧光强度反而比配体弱？

附　　录

一、弱酸、弱碱在水中的解离常数（25℃，离子强度 $I=0$）

弱酸	分子式	K_a^θ
砷酸	H_3AsO_4	$6.3\times10^{-3}(K_{a1}^\theta)$
		$1.0\times10^{-7}(K_{a2}^\theta)$
		$3.2\times10^{-12}(K_{a3}^\theta)$
亚砷酸	H_3AsO_3	6.0×10^{-10}
硼酸	H_3BO_3	5.8×10^{-10}
碳酸	$H_2CO_3(CO_2+H_2O)$	$4.2\times10^{-7}(K_{a1}^\theta)$
		$5.6\times10^{-11}(K_{a2}^\theta)$
氢氰酸	HCN	6.2×10^{-10}
铬酸	H_2CrO_4	$1.8\times10^{-1}(K_{a1}^\theta)$
		$3.2\times10^{-7}(K_{a2}^\theta)$
氢氟酸	HF	6.6×10^{-4}
亚硝酸	HNO_2	5.1×10^{-4}
过氧化氢	H_2O_2	1.8×10^{-12}
磷酸	H_3PO_4	$7.6\times10^{-3}(K_{a1}^\theta)$
		$6.3\times10^{-8}(K_{a2}^\theta)$
		$4.4\times10^{-13}(K_{a3}^\theta)$
焦磷酸	$H_4P_2O_7$	$3.0\times10^{-2}(K_{a1}^\theta)$
		$4.4\times10^{-3}(K_{a2}^\theta)$
		$2.5\times10^{-7}(K_{a3}^\theta)$
		$5.6\times10^{-10}(K_{a4}^\theta)$
亚磷酸	H_3PO_3	$5.0\times10^{-2}(K_{a1}^\theta)$
		$2.5\times10^{-7}(K_{a2}^\theta)$
氢硫酸	H_2S	$1.3\times10^{-7}(K_{a1}^\theta)$
		$7.1\times10^{-15}(K_{a2}^\theta)$
硫酸	H_2SO_4	$1.0\times10^{-2}(K_{a2}^\theta)$

续表

弱酸	分子式	K_a^θ
亚硫酸	$H_2SO_3(SO_2+H_2O)$	$1.3\times10^{-2}(K_{a1}^\theta)$
		$6.3\times10^{-8}(K_{a2}^\theta)$
偏硅酸	H_2SiO_3	$1.7\times10^{-10}(K_{a1}^\theta)$
		$1.6\times10^{-12}(K_{a2}^\theta)$
草酸	$H_2C_2O_4$	$5.9\times10^{-2}(K_{a1}^\theta)$
		$6.4\times10^{-5}(K_{a2}^\theta)$
邻苯二甲酸	o-$C_6H_4(COOH)_2$	$1.1\times10^{-3}(K_{a1}^\theta)$
		$3.9\times10^{-6}(K_{a2}^\theta)$
乙二胺四醋酸	H_6 - $EDTA^{2+}$	$0.1(K_{a1}^\theta)$
	H_5 - $EDTA^{+}$	$3\times10^{-2}(K_{a2}^\theta)$
	H_4 - EDTA	$1\times10^{-2}(K_{a3}^\theta)$
	H_3 - $EDTA^{-}$	$2.1\times10^{-3}(K_{a4}^\theta)$
	H_2 - $EDTA^{2-}$	$6.9\times10^{-7}(K_{a5}^\theta)$
	H - $EDTA^{3-}$	$5.5\times10^{-11}(K_{a6}^\theta)$
氨水	$NH_3\cdot H_2O$	1.8×10^{-5}

二、难溶化合物的溶度积（18～25℃，离子强度 $I=0$）

难溶化合物	K_{sp}^θ	难溶化合物	K_{sp}^θ
Ag_3AsO_4	1.0×10^{-22}	$CaCO_3$	2.8×10^{-9}
AgBr	5.0×10^{-13}	$CaC_2O_4\cdot H_2O$	4.0×10^{-9}
$AgBrO_3$	5.50×10^{-5}	CaF_2	2.7×10^{-11}
AgCl	1.8×10^{-10}	$CaMoO_4$	4.17×10^{-8}
AgCN	1.2×10^{-16}	$Ca(OH)_2$	5.5×10^{-6}
Ag_2CO_3	8.1×10^{-12}	$Ca_3(PO_4)_2$	2.0×10^{-29}
$Ag_2C_2O_4$	3.5×10^{-11}	$CaSO_4$	9.1×10^{-6}
$Ag_2Cr_2O_4$	1.2×10^{-12}	$CaSiO_3$	2.5×10^{-8}
$Ag_2Cr_2O_7$	2.0×10^{-7}	$CaWO_4$	8.7×10^{-9}
AgI	8.3×10^{-17}	$Ba_3(AsO_4)_2$	8.0×10^{-51}
$AgIO_3$	3.1×10^{-8}	$BaCO_3$	5.1×10^{-9}
AgOH	2.0×10^{-8}	BaC_2O_4	1.6×10^{-7}
Ag_2MoO_4	2.8×10^{-12}	$BaCrO_4$	1.2×10^{-10}
Ag_3PO_4	1.4×10^{-16}	$Ba_3(PO_4)_2$	3.4×10^{-23}
Ag_2S	6.3×10^{-50}	$BaSO_4$	1.1×10^{-10}
AgSCN	1.0×10^{-12}	BaS_2O_3	1.6×10^{-5}
Ag_2SO_3	1.5×10^{-14}	$BaSeO_3$	2.7×10^{-7}
Ag_2SO_4	1.4×10^{-5}	$BaSeO_4$	3.5×10^{-8}

续表

难溶化合物	K_{sp}^{θ}	难溶化合物	K_{sp}^{θ}
Ag_2Se	2.0×10^{-64}	$Cr(OH)_3$	6.3×10^{-31}
Ag_2SeO_3	1.0×10^{-15}	$CrPO_4\cdot4H_2O$(绿)	2.4×10^{-23}
Ag_2SeO_4	5.7×10^{-8}	$CrPO_4\cdot4H_2O$(紫)	1.0×10^{-17}
$AgVO_3$	5.0×10^{-7}	$Ti(OH)_3$	1.0×10^{-40}
Ag_2WO_4	5.5×10^{-12}	$Au(OH)_3$	5.5×10^{-46}
$Zn_3(AsO_4)_2$	1.3×10^{-28}	$AuCl_3$	3.2×10^{-25}
$ZnCO_3$	1.4×10^{-11}	AuI_3	1.0×10^{-46}
$Zn(OH)_2$	2.09×10^{-16}	$BiAsO_4$	4.4×10^{-10}
$Zn_3(PO_4)_2$	9.0×10^{-33}	$Bi_2(C_2O_4)_3$	3.98×10^{-36}
α-ZnS	1.6×10^{-24}	$Bi(OH)_3$	4.0×10^{-31}
β-ZnS	2.5×10^{-22}	$BiPO_4$	1.26×10^{-23}
$ZrO(OH)_2$	6.3×10^{-49}	$CdCO_3$	5.2×10^{-12}
$Mg_3(AsO_4)_2$	2.1×10^{-20}	$CdC_2O_4\cdot3H_2O$	9.1×10^{-8}
$MgCO_3$	3.5×10^{-8}	$Cd_3(PO_4)_2$	2.5×10^{-33}
$MgCO_3\cdot3H_2O$	2.14×10^{-5}	CdS	8.0×10^{-27}
$Mg(OH)_2$	1.8×10^{-11}	$CdSe$	6.31×10^{-36}
$Mg_3(PO_4)_2\cdot8H_2O$	6.31×10^{-26}	$CdSeO_3$	1.3×10^{-9}
$Mn_3(AsO_4)_2$	1.9×10^{-29}	$Co_3(AsO_4)_2$	7.6×10^{-29}
$MnCO_3$	1.8×10^{-11}	$CoCO_3$	1.4×10^{-13}
$Mn(IO_3)_2$	4.37×10^{-7}	CoC_2O_4	6.3×10^{-8}
MnS(无定形)	2.5×10^{-10}	$Co(OH)_2$(蓝)	6.31×10^{-15}
MnS(晶形)	2.5×10^{-13}	$CoHPO_4$	2.0×10^{-7}
$Ga(OH)_3$	7.0×10^{-36}	$Co_3(PO_4)_3$	2.0×10^{-35}
$GaPO_4$	1.0×10^{-21}	$Gd(OH)_3$	1.8×10^{-23}
Sb_2S_3	1.5×10^{-93}	$Be(OH)_2$	1.6×10^{-22}
$Al(OH)_3$	4.57×10^{-33}	$AlPO_4$	6.3×10^{-19}
$FeAsO_4$	5.7×10^{-21}	$Ni_3(AsO_4)_2$	3.1×10^{-26}
$FeCO_3$	3.2×10^{-11}	$NiCO_3$	6.6×10^{-9}
$Fe(OH)_2$	8.0×10^{-16}	NiC_2O_4	4.0×10^{-10}
$Fe(OH)_3$	4.0×10^{-38}	$Ni(OH)_2$(新)	2.0×10^{-15}
$FePO_4$	1.3×10^{-22}	$Ni_3(PO_4)_2$	5.0×10^{-31}
FeS	6.3×10^{-18}	α—NiS	3.2×10^{-19}
$CuBr$	5.3×10^{-9}	β-NiS	1.0×10^{-24}
$CuCl$	1.2×10^{-6}	γ-NiS	2.0×10^{-26}
$CuCN$	3.2×10^{-20}	Hg_2Br_2	5.6×10^{-23}
$CuCO_3$	2.34×10^{-10}	Hg_2Cl_2	1.3×10^{-18}
CuI	1.1×10^{-12}	HgC_2O_4	1.0×10^{-7}

续表

难溶化合物	K_{sp}^{θ}	难溶化合物	K_{sp}^{θ}
$Cu(OH)_2$	4.8×10^{-20}	Hg_2CO_3	8.9×10^{-17}
$Cu_3(PO_4)_2$	1.3×10^{-37}	$Hg_2(CN)_2$	5.0×10^{-40}
Cu_2S	2.5×10^{-48}	Hg_2CrO_4	2.0×10^{-9}
Cu_2Se	1.58×10^{-61}	Hg_2I_2	4.5×10^{-29}
CuS	6.3×10^{-36}	HgI_2	2.82×10^{-29}
$CuSe$	7.94×10^{-49}	$Hg_2(IO_3)_2$	2.0×10^{-14}
$Sn(OH)_2$	1.4×10^{-28}	$Hg_2(OH)_2$	2.0×10^{-24}
$Sn(OH)_4$	1.0×10^{-56}	$HgSe$	1.0×10^{-59}
SnO_2	3.98×10^{-65}	HgS(红)	4.0×10^{-53}
SnS	1.0×10^{-25}	HgS(黑)	1.6×10^{-52}
$SnSe$	3.98×10^{-39}	Hg_2WO_4	1.1×10^{-17}
$Sr_3(AsO_4)_2$	8.1×10^{-19}	$PbCrO_4$	2.8×10^{-13}
$SrCO_3$	1.1×10^{-10}	PbF_2	2.7×10^{-8}
$SrC_2O_4\cdot H_2O$	1.6×10^{-7}	$PbMoO_4$	1.0×10^{-13}
SrF_2	2.5×10^{-9}	$Pb(OH)_2$	1.2×10^{-15}
$Sr_3(PO_4)_2$	4.0×10^{-28}	$Pb(OH)_4$	3.2×10^{-66}
$SrSO_4$	3.2×10^{-7}	$Pb_3(PO_4)_2$	8.0×10^{-43}
$SrWO_4$	1.7×10^{-10}	PbS	1.0×10^{-28}
$Pb_3(AsO_4)_2$	4.0×10^{-36}	$PbSO_4$	1.6×10^{-8}
$PbBr_2$	4.0×10^{-5}	$PbSe$	7.94×10^{-43}
$PbCl_2$	1.6×10^{-5}	$PbSeO_4$	1.4×10^{-7}
$PbCO_3$	7.4×10^{-14}	$PbCrO_4$	2.8×10^{-13}

三、标准电极电势（25℃，标准态压力 $p^{\theta}=100kPa$）

1. 在酸性水溶液中的标准电极电势（酸表）

电对	E^{θ}/V	电极反应
Li(Ⅰ)-(0)	−3.0401	$Li^+ + e^- = Li$
Cs(Ⅰ)-(0)	−2.923	$Cs^+ + e^- = Cs$
Rb(Ⅰ)-(0)	−2.924	$Rb^+ + e^- = Rb$
K(Ⅰ)-(0)	−2.924	$K^+ + e^- = K$
Ba(Ⅱ)-(0)	−2.92	$Ba^{2+} + 2e^- = Ba$
Sr(Ⅱ)-(0)	−2.89	$Sr^{2+} + 2e^- = Sr$
Ca(Ⅱ)-(0)	−2.84	$Ca^{2+} + 2e^- = Ca$
Na(Ⅰ)-(0)	−2.714	$Na^+ + e^- = Na$
La(Ⅲ)-(0)	−2.52	$La^{3+} + 3e^- = La$
Mg(Ⅱ)-(0)	−2.356	$Mg^{2+} + 2e^- = Mg$

续表

电对	E^0/V	电极反应
Ce(Ⅲ)－(0)	－2.336	$Ce^{3+}+3e^-═══Ce$
H(0)－(－Ⅰ)	－2.23	$H_2(g)+2e^-═══2H^-$
Al(Ⅲ)－(0)	－2.069	$AlF_6{}^{3-}+3e^-═══Al+6F^-$
Th(Ⅳ)－(0)	－1.899	$Th^{4+}+4e^-═══Th$
Be(Ⅱ)－(0)	－1.847	$Be^{2+}+2e^-═══Be$
U(Ⅲ)－(0)	－1.798	$U^{3+}+3e^-═══U$
Al(Ⅲ)－(0)	－1.662	$Al^{3+}+3e^-═══Al$
Ti(Ⅱ)－(0)	－1.630	$Ti^{2+}+2e^-═══Ti$
Zr(Ⅳ)－(0)	－1.53	$ZrO_2+4H^++4e^-═══Zr+2H_2O$
Si(Ⅳ)－(0)	－1.24	$[SiF_6]^{2-}+4e^-═══Si+6F^-$
Mn(Ⅱ)－(0)	－1.185	$Mn^{2+}+2e^-═══Mn$
Cr(Ⅱ)－(0)	－0.913	$Cr^{2+}+2e^-═══Cr$
Ti(Ⅲ)－(Ⅱ)	－0.9	$Ti^{3+}+e^-═══Ti^{2+}$
B(Ⅲ)－(0)	－0.8698	$H_3BO_3+3H^++3e^-═══B+3H_2O$
Zn(Ⅱ)－(0)	－0.7618	$Zn^{2+}+2e^-═══Zn$
Cr(Ⅲ)－(0)	－0.744	$Cr^{3+}+3e^-═══Cr$
As(0)－(－Ⅲ)	－0.608	$As+3H^++3e^-═══AsH_3$
U(Ⅳ)－(Ⅲ)	－0.607	$U^{4+}+e^-═══U^{3+}$
Ga(Ⅲ)－(0)	－0.549	$Ga^{3+}+3e^-═══Ga$
P(Ⅰ)－(0)	－0.508	$H_3PO_2+H^++e^-═══P+2H_2O$
P(Ⅲ)－(Ⅰ)	－0.499	$H_3PO_3+2H^++2e^-═══H_3PO_2+H_2O$
C(Ⅳ)－(Ⅲ)	－0.49	$2CO_2+2H^++2e^-═══H_2C_2O_4$
Fe(Ⅱ)－(0)	－0.447	$Fe^{2+}+2e^-═══Fe$
Cr(Ⅲ)－(Ⅱ)	－0.407	$Cr^{3+}+e^-═══Cr^{2+}$
Cd(Ⅱ)－(0)	－0.403	$Cd^{2+}+2e^-═══Cd$
Se(0)－(－Ⅱ)	－0.399	$Se+2H^++2e^-═══H_2Se(aq)$
Pb(Ⅱ)－(0)	－0.365	$PbI_2+2e^-═══Pb+2I^-$
Eu(Ⅲ)－(Ⅱ)	－0.36	$Eu^{3+}+e^-═══Eu^{2+}$
Pb(Ⅱ)－(0)	－0.3588	$PbSO_4+2e^-═══Pb+SO_4^{2-}$
In(Ⅲ)－(0)	－0.3382	$In^{3+}+3e^-═══In$
Tl(Ⅰ)－(0)	－0.336	$Tl^++e^-═══Tl$
Co(Ⅱ)－(0)	－0.28	$Co^{2+}+2e^-═══Co$
P(Ⅴ)－(Ⅲ)	－0.276	$H_3PO_4+2H^++2e^-═══H_3PO_3+H_2O$
Pb(Ⅱ)－(0)	－0.2675	$PbCl_2+2e^-═══Pb+2Cl^-$
Ni(Ⅱ)－(0)	－0.257	$Ni^{2+}+2e^-═══Ni$
V(Ⅲ)－(Ⅱ)	－0.255	$V^{3+}+e^-═══V^{2+}$
Ge(Ⅳ)－(0)	－0.182	$H_2GeO_3+4H^++4e^-═══Ge+3H_2O$

续表

电对	E^θ/V	电极反应
Ag(Ⅰ)-(0)	-0.15224	$AgI+e^-$ ══ $Ag+I^-$
Sn(Ⅱ)-(0)	-0.1375	$Sn^{2+}+2e^-$ ══ Sn
Pb(Ⅱ)-(0)	-0.1262	$Pb^{2+}+2e^-$ ══ Pb
C(Ⅳ)-(Ⅱ)	-0.12	$CO_2(g)+2H^++2e^-$ ══ $CO+H_2O$
P(0)-(-Ⅲ)	-0.063	P(白磷)$+3H^++3e^-$ ══ $PH_3(g)$
Hg(Ⅰ)-(0)	-0.0405	$Hg_2I_2+2e^-$ ══ $2Hg+2I^-$
Fe(Ⅲ)-(0)	-0.037	$Fe^{3+}+3e^-$ ══ Fe
H(Ⅰ)-(0)	0	$2H^++2e^-$ ══ H_2
Ag(Ⅰ)-(0)	0.07133	$AgBr+e^-$ ══ $Ag+Br^-$
S(Ⅱ.Ⅴ)-(Ⅱ)	0.08	$S_4O_6^{2-}+2e^-$ ══ $2S_2O_3^{2-}$
Ti(Ⅳ)-(Ⅲ)	0.1	$TiO^{2+}+2H^++e^-$ ══ $Ti^{3+}+H_2O$
S(0)-(-Ⅱ)	0.142	$S+2H^++2e^-$ ══ $H_2S(aq)$
Sn(Ⅳ)-(Ⅱ)	0.151	$Sn^{4+}+2e^-$ ══ Sn^{2+}
Sb(Ⅲ)-(0)	0.152	$Sb_2O_3+6H^++6e^-$ ══ $2Sb+3H_2O$
Cu(Ⅱ)-(Ⅰ)	0.153	$Cu^{2+}+e^-$ ══ Cu^+
Bi(Ⅲ)-(0)	0.1583	$BiOCl+2H^++3e^-$ ══ $Bi+Cl^-+H_2O$
S(Ⅵ)-(Ⅳ)	0.172	$SO_4^{2-}+4H^++2e^-$ ══ $H_2SO_3+H_2O$
Sb(Ⅲ)-(0)	0.212	$SbO^++2H^++3e^-$ ══ $Sb+H_2O$
Ag(Ⅰ)-(0)	0.22233	$AgCl+e^-$ ══ $Ag+Cl^-$
As(Ⅲ)-(0)	0.248	$HAsO_2+3H^++3e^-$ ══ $As+2H_2O$
Hg(Ⅰ)-(0)	0.26808	$Hg_2Cl_2+2e^-$ ══ $2Hg+2Cl^-$(饱和 KCl)
Bi(Ⅲ)-(0)	0.32	$BiO^++2H^++3e^-$ ══ $Bi+H_2O$
U(Ⅵ)-(Ⅳ)	0.327	$UO_2{}^{2+}+4H^++2e^-$ ══ $U^{4+}+2H_2O$
C(Ⅳ)-(Ⅲ)	0.33	$2HCNO+2H^++2e^-$ ══ $(CN)_2+2H_2O$
V(Ⅳ)-(Ⅲ)	0.337	$VO^{2+}+2H^++e^-$ ══ $V^{3+}+H_2O$
Cu(Ⅱ)-(0)	0.3419	$Cu^{2+}+2e^-$ ══ Cu
Re(Ⅶ)-(0)	0.368	$ReO_4{}^-+8H^++7e^-$ ══ $Re+4H_2O$
Ag(Ⅰ)-(0)	0.447	$Ag_2CrO_4+2e^-$ ══ $2Ag+CrO_4^{2-}$
S(Ⅳ)-(0)	0.449	$H_2SO_3+4H^++4e^-$ ══ $S+3H_2O$
Cu(Ⅰ)-(0)	0.521	Cu^++e^- ══ Cu
I(0)-(-Ⅰ)	0.5355	I_2+2e^- ══ $2I^-$
I(0)-(-Ⅰ)	0.536	$I_3{}^-+2e^-$ ══ $3I^-$
As(Ⅴ)-(Ⅲ)	0.56	$H_3AsO_4+2H^++2e^-$ ══ $HAsO_2+2H_2O$
Sb(Ⅴ)-(Ⅲ)	0.581	$Sb_2O_5+6H^++4e^-$ ══ $2SbO^++3H_2O$
Te(Ⅳ)-(0)	0.593	$TeO_2+4H^++4e^-$ ══ $Te+2H_2O$
U(Ⅴ)-(Ⅳ)	0.612	$UO_2{}^++4H^++e^-$ ══ $U^{4+}+2H_2O$
Hg(Ⅱ)-(Ⅰ)	0.63	$2HgCl_2+2e^-$ ══ $Hg_2Cl_2+2Cl^-$

续表

电对	E^θ/V	电极反应
Pt(Ⅳ)－(Ⅱ)	0.68	$[PtCl_6]^{2-}+2e^-$ ══ $[PtCl_4]^{2-}+2Cl^-$
O(0)－(－Ⅰ)	0.695	$O_2+2H^++2e^-$ ══ H_2O_2
Pt(Ⅱ)－(0)	0.755	$[PtCl_4]^{2-}+2e^-$ ══ $Pt+4Cl^-$
Se(Ⅳ)－(0)	0.74	$H_2SeO_3+4H^++4e^-$ ══ $Se+3H_2O$
Fe(Ⅲ)－(Ⅱ)	0.771	$Fe^{3+}+e^-$ ══ Fe^{2+}
Hg(Ⅰ)－(0)	0.7973	$Hg_2{}^{2+}+2e^-$ ══ $2Hg$
Ag(Ⅰ)－(0)	0.7996	Ag^++e^- ══ Ag
Os(Ⅷ)－(0)	0.8	$OsO_4+8H^++8e^-$ ══ $Os+4H_2O$
N(Ⅴ)－(Ⅳ)	0.803	$2NO_3^-+4H^++2e^-$ ══ $N_2O_4+2H_2O$
Hg(Ⅱ)－(0)	0.851	$Hg^{2+}+2e^-$ ══ Hg
Si(Ⅳ)－(0)	0.857	SiO_2(石英)$+4H^++4e^-$ ══ $Si+2H_2O$
Cu(Ⅱ)－(Ⅰ)	0.86	$Cu^{2+}+I^-+e^-$ ══ CuI
N(Ⅲ)－(Ⅰ)	0.86	$2HNO_2+4H^++4e^-$ ══ $H_2N_2O_2+2H_2O$
Hg(Ⅱ)－(Ⅰ)	0.92	$2Hg^{2+}+2e^-$ ══ $Hg_2{}^{2+}$
N(Ⅴ)－(Ⅲ)	0.934	$NO_3^-+3H^++2e^-$ ══ HNO_2+H_2O
Pd(Ⅱ)－(0)	0.951	$Pd^{2+}+2e^-$ ══ Pd
N(Ⅴ)－(Ⅱ)	0.957	$NO_3^-+4H^++3e^-$ ══ $NO+2H_2O$
N(Ⅲ)－(Ⅱ)	0.983	$HNO_2+H^++e^-$ ══ $NO+H_2O$
I(Ⅰ)－(－Ⅰ)	0.987	$HIO+H^++2e^-$ ══ I^-+H_2O
V(Ⅴ)－(Ⅳ)	0.991	$VO_2{}^++2H^++e^-$ ══ $VO^{2+}+H_2O$
V(Ⅴ)－(Ⅳ)	1	$V(OH)_4{}^++2H^++e^-$ ══ $VO^{2+}+3H_2O$
Au(Ⅲ)－(0)	1.002	$[AuCl_4]^-+3e^-$ ══ $Au+4Cl^-$
Te(Ⅵ)－(Ⅳ)	1.02	$H_6TeO_6+2H^++2e^-$ ══ TeO_2+4H_2O
N(Ⅳ)－(Ⅱ)	1.035	$N_2O_4+4H^++4e^-$ ══ $2NO+2H_2O$
N(Ⅳ)－(Ⅲ)	1.065	$N_2O_4+2H^++2e^-$ ══ $2HNO_2$
I(Ⅴ)－(－Ⅰ)	1.085	$IO_3^-+6H^++6e^-$ ══ I^-+3H_2O
Br(0)－(－Ⅰ)	1.0873	$Br_2(aq)+2e^-$ ══ $2Br^-$
Se(Ⅵ)－(Ⅳ)	1.151	$SeO_4^{2-}+4H^++2e^-$ ══ $H_2SeO_3+H_2O$
Cl(Ⅴ)－(Ⅳ)	1.152	$ClO_3^-+2H^++e^-$ ══ ClO_2+H_2O
Pt(Ⅱ)－(0)	1.18	$Pt^{2+}+2e^-$ ══ Pt
Cl(Ⅶ)－(Ⅴ)	1.189	$ClO_4{}^-+2H^++2e^-$ ══ $ClO_3^-+H_2O$
I(Ⅴ)－(0)	1.195	$2IO_3^-+12H^++10e^-$ ══ I_2+6H_2O
Cl(Ⅴ)－(Ⅲ)	1.214	$ClO_3^-+3H^++2e^-$ ══ $HClO_2+H_2O$
Mn(Ⅳ)－(Ⅱ)	1.224	$MnO_2+4H^++2e^-$ ══ $Mn^{2+}+2H_2O$
O(0)－(－Ⅱ)	1.229	$O_2+4H^++4e^-$ ══ $2H_2O$
Tl(Ⅲ)－(Ⅰ)	1.252	$Tl^{3+}+2e^-$ ══ Tl^+
Cl(Ⅳ)－(Ⅲ)	1.277	$ClO_2+H^++e^-$ ══ $HClO_2$

续表

电对	E^θ/V	电极反应
N(Ⅲ)－(Ⅰ)	1.297	$2HNO_2+4H^++4e^-=N_2O+3H_2O$
Cr(Ⅵ)－(Ⅲ)	1.33	$Cr_2O_7{}^{2-}+14H^++6e^-=2Cr^{3+}+7H_2O$
Br(Ⅰ)－(－Ⅰ)	1.331	$HBrO+H^++2e^-=Br^-+H_2O$
Cr(Ⅵ)－(Ⅲ)	1.35	$HCrO_4{}^-+7H^++3e^-=Cr^{3+}+4H_2O$
Cl(0)－(－Ⅰ)	1.35827	$Cl_2(g)+2e^-=2Cl^-$
Cl(Ⅶ)－(－Ⅰ)	1.389	$ClO_4{}^-+8H^++8e^-=Cl^-+4H_2O$
Cl(Ⅶ)－(0)	1.39	$ClO_4{}^-+8H^++7e^-=1/2Cl_2+4H_2O$
Au(Ⅲ)－(Ⅰ)	1.401	$Au^{3+}+2e^-=Au^+$
Br(Ⅴ)－(－Ⅰ)	1.423	$BrO_3^-+6H^++6e^-=Br^-+3H_2O$
I(Ⅰ)－(0)	1.439	$2HIO+2H^++2e^-=I_2+2H_2O$
Cl(Ⅴ)－(－Ⅰ)	1.451	$ClO_3^-+6H^++6e^-=Cl^-+3H_2O$
Pb(Ⅳ)－(Ⅱ)	1.455	$PbO_2+4H^++2e^-=Pb^{2+}+2H_2O$
Cl(Ⅴ)－(0)	1.47	$ClO_3^-+6H^++5e^-=1/2Cl_2+3H_2O$
Cl(Ⅰ)－(－Ⅰ)	1.482	$HClO+H^++2e^-=Cl^-+H_2O$
Br(Ⅴ)－(0)	1.482	$BrO_3^-+6H^++5e^-=1/2Br_2+3H_2O$
Au(Ⅲ)－(0)	1.498	$Au^{3+}+3e^-=Au$
Mn(Ⅶ)－(Ⅱ)	1.507	$MnO_4{}^-+8H^++5e^-=Mn^{2+}+4H_2O$
Mn(Ⅲ)－(Ⅱ)	1.5415	$Mn^{3+}+e^-=Mn^{2+}$
Cl(Ⅲ)－(－Ⅰ)	1.57	$HClO_2+3H^++4e^-=Cl^-+2H_2O$
Br(Ⅰ)－(0)	1.574	$HBrO+H^++e^-=1/2Br_2(aq)+H_2O$
N(Ⅱ)－(Ⅰ)	1.591	$2NO+2H^++2e^-=N_2O+H_2O$
I(Ⅶ)－(Ⅴ)	1.601	$H_5IO_6+H^++2e^-=IO_3^-+3H_2O$
Cl(Ⅰ)－(0)	1.611	$HClO+H^++e^-=1/2Cl_2+H_2O$
Cl(Ⅲ)－(Ⅰ)	1.645	$HClO_2+2H^++2e^-=HClO+H_2O$
Ni(Ⅳ)－(Ⅱ)	1.678	$NiO_2+4H^++2e^-=Ni^{2+}+2H_2O$
Mn(Ⅶ)－(Ⅳ)	1.679	$MnO_4{}^-+4H^++3e^-=MnO_2+2H_2O$
Pb(Ⅳ)－(Ⅱ)	1.6913	$PbO_2+SO_4^{2-}+4H^++2e^-=PbSO_4+2H_2O$
Au(Ⅰ)－(0)	1.692	$Au^++e^-=Au$
Ce(Ⅳ)－(Ⅲ)	1.72	$Ce^{4+}+e^-=Ce^{3+}$
N(Ⅰ)－(0)	1.766	$N_2O+2H^++2e^-=N_2+H_2O$
O(－Ⅰ)－(－Ⅱ)	1.776	$H_2O_2+2H^++2e^-=2H_2O$
Co(Ⅲ)－(Ⅱ)	1.83	$Co^{3+}+e^-=Co^{2+}$(2mol/LH_2SO_4)
Ag(Ⅱ)－(Ⅰ)	1.98	$Ag^{2+}+e^-=Ag^+$
S(Ⅶ)－(Ⅵ)	2.01	$S_2O_8{}^{2-}+2e^-=2SO_4^{2-}$
O(0)－(－Ⅱ)	2.076	$O_3+2H^++2e^-=O_2+H_2O$
O(Ⅱ)－(－Ⅱ)	2.153	$F_2O+2H^++4e^-=H_2O+2F^-$
Fe(Ⅵ)－(Ⅲ)	2.2	$FeO_4^{2-}+8H^++3e^-=Fe^{3+}+4H_2O$

续表

电对	E^θ/V	电极反应
O(0)－(－Ⅱ)	2.421	$O(g)+2H^++2e^- = H_2O$
F(0)－(－Ⅰ)	2.866	$F_2+2e^- = 2F^-$
F(0)－(－Ⅰ)	3.053	$F_2+2H^++2e^- = 2HF(aq.)$

2. 在碱性水溶液中的标准电极电势（碱表）

电对	E^θ/V	电极反应
Ca(Ⅱ)－(0)	－3.02	$Ca(OH)_2+2e^- = Ca+2OH^-$
Ba(Ⅱ)－(0)	－2.99	$Ba(OH)_2+2e^- = Ba+2OH^-$
La(Ⅲ)－(0)	－2.9	$La(OH)_3+3e^- = La+3OH^-$
Sr(Ⅱ)－(0)	－2.88	$Sr(OH)_2 \cdot 8H_2O+2e^- = Sr+2OH^-+8H_2O$
Mg(Ⅱ)－(0)	－2.69	$Mg(OH)_2+2e^- = Mg+2OH^-$
Be(Ⅱ)－(0)	－2.63	$Be_2O_3^{2-}+3H_2O+4e^- = 2Be+6OH^-$
Hf(Ⅳ)－(0)	－2.5	$HfO(OH)_2+H_2O+4e^- = Hf+4OH^-$
Zr(Ⅳ)－(0)	－2.36	$H_2ZrO_3+H_2O+4e^- = Zr+4OH^-$
Al(Ⅲ)－(0)	－2.33	$H_2AlO_3^-+H_2O+3e^- = Al+4OH^-$
P(Ⅰ)－(0)	－1.82	$H_2PO_2^-+e^- = P+2OH^-$
B(Ⅲ)－(0)	－1.79	$H_2BO_3^-+H_2O+3e^- = B+4OH^-$
P(Ⅲ)－(0)	－1.71	$HPO_3^{2-}+2H_2O+3e^- = P+5OH^-$
Si(Ⅳ)－(0)	－1.697	$SiO_3^{2-}+3H_2O+4e^- = Si+6OH^-$
P(Ⅲ)－(Ⅰ)	－1.65	$HPO_3^{2-}+2H_2O+2e^- = H_2PO_2^-+3OH^-$
Mn(Ⅱ)－(0)	－1.56	$Mn(OH)_2+2e^- = Mn+2OH^-$
Cr(Ⅲ)－(0)	－1.48	$Cr(OH)_3+3e^- = Cr+3OH^-$
Zn(Ⅱ)－(0)	－1.26	$[Zn(CN)_4]^{2-}+2e^- = Zn+4CN^-$
Zn(Ⅱ)－(0)	－1.249	$Zn(OH)_2+2e^- = Zn+2OH^-$
Ga(Ⅲ)－(0)	－1.219	$H_2GaO_3^-+H_2O+2e^- = Ga+4OH^-$
Zn(Ⅱ)－(0)	－1.215	$ZnO_2^{2-}+2H_2O+2e^- = Zn+4OH^-$
Cr(Ⅲ)－(0)	－1.2	$CrO_2{}^-+2H_2O+3e^- = Cr+4OH^-$
Te(0)－(－Ⅰ)	－1.143	$Te+2e^- = Te^{2-}$
P(Ⅴ)－(Ⅲ)	－1.05	$PO_4^{3-}+2H_2O+2e^- = HPO_3^{2-}+3OH^-$
Zn(Ⅱ)－(0)	－1.04	$[Zn(NH_3)_4]^{2+}+2e^- = Zn+4NH_3$
W(Ⅵ)－(0)	－1.01	$WO_4^{2-}+4H_2O+6e^- = W+8OH^-$
Ge(Ⅳ)－(0)	－1	$HGeO_3^-+2H_2O+4e^- = Ge+5OH^-$
Sn(Ⅳ)－(Ⅱ)	－0.93	$[Sn(OH)_6]^{2-}+2e^- = HSnO_2^-+H_2O+3OH^-$
S(Ⅵ)－(Ⅳ)	－0.93	$SO_4^{2-}+H_2O+2e^- = SO_3^{2-}+2OH^-$
Se(0)－(－Ⅱ)	－0.924	$Se+2e^- = Se^{2-}$
Sn(Ⅱ)－(0)	－0.909	$HSnO_2^-+H_2O+2e^- = Sn+3OH^-$
P(0)－(－Ⅲ)	－0.87	$P+3H_2O+3e^- = PH_3(g)+3OH^-$

续表

电对	E^θ/V	电极反应
N(Ⅴ)－(Ⅳ)	－0.85	$2NO_3^- + 2H_2O + 2e^- = N_2O_4 + 4OH^-$
H(Ⅰ)－(0)	－0.8277	$2H_2O + 2e^- = H_2 + 2OH^-$
Cd(Ⅱ)－(0)	－0.809	$Cd(OH)_2 + 2e^- = Cd(Hg) + 2OH^-$
Co(Ⅱ)－(0)	－0.73	$Co(OH)_2 + 2e^- = Co + 2OH^-$
Ni(Ⅱ)－(0)	－0.72	$Ni(OH)_2 + 2e^- = Ni + 2OH^-$
As(Ⅴ)－(Ⅲ)	－0.71	$AsO_4^{3-} + 2H_2O + 2e^- = AsO_2^- + 4OH^-$
Ag(Ⅰ)－(0)	－0.691	$Ag_2S + 2e^- = 2Ag + S^{2-}$
As(Ⅲ)－(0)	－0.68	$AsO_2^- + 2H_2O + 3e^- = As + 4OH^-$
Sb(Ⅲ)－(0)	－0.66	$SbO_2^- + 2H_2O + 3e^- = Sb + 4OH^-$
Re(Ⅶ)－(Ⅳ)	－0.59	$ReO_4^- + 2H_2O + 3e^- = ReO_2 + 4OH^-$
Sb(Ⅴ)－(Ⅲ)	－0.59	$SbO_3^- + H_2O + 2e^- = SbO_2^- + 2OH^-$
Re(Ⅶ)－(0)	－0.584	$ReO_4^- + 4H_2O + 7e^- = Re + 8OH^-$
S(Ⅳ)－(Ⅱ)	－0.58	$2SO_3^{2-} + 3H_2O + 4e^- = S_2O_3^{2-} + 6OH^-$
Te(Ⅳ)－(0)	－0.57	$TeO_3^{2-} + 3H_2O + 4e^- = Te + 6OH^-$
Fe(Ⅲ)－(Ⅱ)	－0.56	$Fe(OH)_3 + e^- = Fe(OH)_2 + OH^-$
S(0)－(－Ⅱ)	－0.47627	$S + 2e^- = S^{2-}$
Bi(Ⅲ)－(0)	－0.46	$Bi_2O_3 + 3H_2O + 6e^- = 2Bi + 6OH^-$
N(Ⅲ)－(Ⅱ)	－0.46	$NO_2^- + H_2O + e^- = NO + 2OH^-$
Co(Ⅱ)－(0)	－0.422	$[Co(NH_3)_6]^{2+} + 2e^- = Co + 6NH_3$
Se(Ⅳ)－(0)	－0.366	$SeO_3^{2-} + 3H_2O + 4e^- = Se + 6OH^-$
Cu(Ⅰ)－(0)	－0.36	$Cu_2O + H_2O + 2e^- = 2Cu + 2OH^-$
Tl(Ⅰ)－(0)	－0.34	$Tl(OH) + e^- = Tl + OH^-$
Ag(Ⅰ)－(0)	－0.31	$[Ag(CN)_2]^- + e^- = Ag + 2CN^-$
Cu(Ⅱ)－(0)	－0.222	$Cu(OH)_2 + 2e^- = Cu + 2OH^-$
Cr(Ⅵ)－(Ⅲ)	－0.13	$CrO_4^{2-} + 4H_2O + 3e^- = Cr(OH)_3 + 5OH^-$
Cu(Ⅰ)－(0)	－0.12	$[Cu(NH_3)_2]^+ + e^- = Cu + 2NH_3$
O(0)－(－Ⅰ)	－0.076	$O_2 + H_2O + 2e^- = HO_2^- + OH^-$
Ag(Ⅰ)－(0)	－0.017	$AgCN + e^- = Ag + CN^-$
N(Ⅴ)－(Ⅲ)	0.01	$NO_3^- + H_2O + 2e^- = NO_2^- + 2OH^-$
Se(Ⅵ)－(Ⅳ)	0.05	$SeO_4^{2-} + H_2O + 2e^- = SeO_3^{2-} + 2OH^-$
Pd(Ⅱ)－(0)	0.07	$Pd(OH)_2 + 2e^- = Pd + 2OH^-$
S(Ⅱ.Ⅴ)－(Ⅱ)	0.08	$S_4O_6^{2-} + 2e^- = 2S_2O_3^{2-}$
Hg(Ⅱ)－(0)	0.0977	$HgO + H_2O + 2e^- = Hg + 2OH^-$
Co(Ⅲ)－(Ⅱ)	0.108	$[Co(NH_3)_6]_3^+ + e^- = [Co(NH_3)_6]^{2+}$
Pt(Ⅱ)－(0)	0.14	$Pt(OH)_2 + 2e^- = Pt + 2OH^-$
Co(Ⅲ)－(Ⅱ)	0.17	$Co(OH)_3 + e^- = Co(OH)_2 + OH^-$
Pb(Ⅳ)－(Ⅱ)	0.247	$PbO_2 + H_2O + 2e^- = PbO + 2OH^-$

续表

电对	E^θ/V	电极反应
I(Ⅴ)-(-Ⅰ)	0.26	$IO_3^- + 3H_2O + 6e^- = I^- + 6OH^-$
Cl(Ⅴ)-(Ⅲ)	0.33	$ClO_3^- + H_2O + 2e^- = ClO_2^- + 2OH^-$
Ag(Ⅰ)-(0)	0.342	$Ag_2O + H_2O + 2e^- = 2Ag + 2OH^-$
Fe(Ⅲ)-(Ⅱ)	0.358	$[Fe(CN)_6]^{3-} + e^- = [Fe(CN)_6]^{4-}$
Cl(Ⅶ)-(Ⅴ)	0.36	$ClO_4^- + H_2O + 2e^- = ClO_3^- + 2OH^-$
Ag(Ⅰ)-(0)	0.373	$[Ag(NH_3)_2]^+ + e^- = Ag + 2NH_3$
O(0)-(-Ⅱ)	0.401	$O_2 + 2H_2O + 4e^- = 4OH^-$
I(Ⅰ)-(-Ⅰ)	0.485	$IO^- + H_2O + 2e^- = I^- + 2OH^-$
Ni(Ⅳ)-(Ⅱ)	0.49	$NiO_2 + 2H_2O + 2e^- = Ni(OH)_2 + 2OH^-$
Mn(Ⅶ)-(Ⅵ)	0.558	$MnO_4^- + e^- = MnO_4^{2-}$
Mn(Ⅶ)-(Ⅳ)	0.595	$MnO_4^- + 2H_2O + 3e^- = MnO_2 + 4OH^-$
Mn(Ⅵ)-(Ⅳ)	0.6	$MnO_4^{2-} + 2H_2O + 2e^- = MnO_2 + 4OH^-$
Ag(Ⅱ)-(Ⅰ)	0.607	$2AgO + H_2O + 2e^- = Ag_2O + 2OH^-$
Br(Ⅴ)-(-Ⅰ)	0.61	$BrO_3^- + 3H_2O + 6e^- = Br^- + 6OH^-$
Cl(Ⅴ)-(-Ⅰ)	0.62	$ClO_3^- + 3H_2O + 6e^- = Cl^- + 6OH^-$
Cl(Ⅲ)-(Ⅰ)	0.66	$ClO_2^- + H_2O + 2e^- = ClO^- + 2OH^-$
I(Ⅶ)-(Ⅴ)	0.7	$H_3IO_6^{2-} + 2e^- = IO_3^- + 3OH^-$
Cl(Ⅲ)-(-Ⅰ)	0.76	$ClO_2^- + 2H_2O + 4e^- = Cl^- + 4OH^-$
Br(Ⅰ)-(-Ⅰ)	0.761	$BrO^- + H_2O + 2e^- = Br^- + 2OH^-$
Cl(Ⅰ)-(-Ⅰ)	0.841	$ClO^- + H_2O + 2e^- = Cl^- + 2OH^-$
Cl(Ⅳ)-(Ⅲ)	0.95	$ClO_2(g) + e^- = ClO_2^-$
O(0)-(-Ⅱ)	1.24	$O_3 + H_2O + 2e^- = O_2 + 2OH^-$
OF_2/OH^-	1.69	$OF_2 + H_2O + 4e^- = 2OH^- + 2F^-$

四、实验室常用酸、碱溶液的浓度（293K）

溶液名称	密度/(g/mL)	质量分数/%	物质的量浓度/(mol/L)
浓硫酸	1.84	96.0	18
稀硫酸	1.18	25	3
	1.06	9	1
浓硝酸	1.42	68	15
稀硝酸	1.20	33	6
	1.07	12	2
浓盐酸	1.19	37.2	12
稀盐酸	1.10	20	6
	1.03	7	2
磷酸	1.7	85.5	14.8

续表

溶液名称	密度/(g/mL)	质量分数/%	物质的量浓度/(mol/L)
浓高氯酸	1.67	70.5	11.7
稀高氯酸	1.12	19	2
冰醋酸	1.05	99.8	17.45
稀醋酸	1.02	12	2
氢氟酸	1.13	40	23
浓氨水	0.98	4	2
浓氢氧化钠	1.43	40	14
	1.33	30	13
稀氢氧化钠	1.09	8	2

五、实验室常用试剂的配制

1. 以物质的量浓度计的试剂配制

试剂名称	物质的量浓度/(mol/L)	配制方法
硫化钠 Na_2S	1	称取240g $Na_2S\cdot 9H_2O$ 和 40g NaOH 溶于适量去离子水中，稀释至1L，混匀
硫化铵 $(NH_4)_2S$	3	通 H_2S 于 200mL 浓 $NH_3\cdot H_2O$ 中直至饱和，再加浓 $NH_3\cdot H_2O$200mL，最后加去离子水稀释至1L，混匀
氯化亚锡 $SnCl_2$	0.1	称取22.6g $SnCl_2$ 溶于330mL 6mol/L HCl中，加去离子水稀释至1L，在溶液中放几颗纯锡粒
氯化铁 $FeCl_3$	0.5	称取135.2g $FeCl_3\cdot 6H_2O$ 溶于100mL 6mol/L HCl溶液中，加去离子水稀释至1L
三氯化铬 $CrCl_3$	0.1	称取26.7g $CrCl_3\cdot 6H_2O$ 溶于30mL 6mol/L HCl溶液中，加去离子水稀释至1L
硝酸亚汞 $Hg_2(NO_3)_2$	0.1	称取56g $Hg_2(NO_3)_2\cdot 2H_2O$ 溶于250mL 6mol/L HNO_3 溶液中，加去离子水稀释至1L，并加入少许金属汞。
硝酸铅 $Pb(NO_3)_2$	0.25	称取83g $Pb(NO_3)_2$ 溶于少量去离子水中，加入15mL 6mol/L HNO_3 溶液，加去离子水稀释至1L
硝酸铋 $Bi(NO_3)_3$	0.1	称取48.5g $Bi(NO_3)_3\cdot 5H_2O$ 溶于250mL1 mol/LHNO_3 溶液，加去离子水稀释至1L
硫酸亚铁 $FeSO_4$	0.25	称取69.5g $FeSO_4\cdot 7H_2O$ 溶于适量去离子水中，加入5mL 18mol/LH_2SO_4 溶液，再加去离子水稀释至1L，并置入小铁钉数枚
Cl_2 水	Cl_2 的饱和水溶液	将 Cl_2 通入水中至饱和为止(用时临时配制)
Br_2 水	Br_2 的饱和水溶液	在带有良好磨口塞的玻璃瓶内，将市售的 Br_2 约50g(16mL)注入1L水中，2h内经常剧烈振荡，每次振荡后微开塞子，使积聚的 Br_2 蒸气放出，在储存瓶底总有过量的溴。将 Br_2 倒入试剂瓶时，剩余的 Br_2 应留于储存瓶中，而不倒入试剂瓶(倾倒 Br_2 或 Br_2 水时，应在通风橱中进行，将凡士林涂在手上或戴橡皮手套操作，以防 Br_2 蒸气灼伤)
I_2 水	约0.005	将1.3g I_2 和5g KI溶解在尽可能少的水中，待 I_2 完全溶解后(充分搅动)，再加水稀释至1L

2. 以质量百分浓度记的试剂配制

试剂名称	质量浓度/%	配制方法
亚硝酰铁氰化钠	3	称取 3g $Na_2[Fe(CN)_5NO]\cdot 2H_2O$ 溶于 100mL 去离子水中
淀粉溶液	0.5	称取易溶淀粉 1g 和 $HgCl_2$ 5mg(作防腐剂)于烧杯中，加少许去离子水调成薄浆，然后倾入 200mL 沸水中
奈斯勒试剂		称取 115g HgI_2 和 80g KI 溶于足量的水中，稀释至 500mL，然后加入 500mL 6mol/L NaOH 溶液，静置后取清液保存于棕色瓶中
对氨基苯磺酸	0.34	0.5g 对氨基苯磺酸溶于 150mL 2mol/L HAc 溶液中
α－萘胺	0.12	0.3gα-萘胺加 20mL 去离子水，加热煮沸，然后加入 150mL 2mol/L HAc 溶液
钼酸铵		5g 钼酸铵溶于 100mL 去离子水中，把所得溶液倾入 35mL HNO_3 溶液中(32%，密度 1.2g/mL)。操作不得相反！此时析出白色沉淀后又溶解。溶液放置 48h，然后从沉淀(如有生成)中倾出溶液
硫代乙酰胺	5	5g 硫代乙酰胺溶于 100mL 去离子水中
钙指示剂	0.2	0.2g 钙指示剂溶于 100mL 去离子水中
镁试剂	0.007	0.001g 对硝基苯偶氮间苯二酚溶于 100mL 2mol/L NaOH 溶液中
铝试剂	1	1g 铝试剂溶于 1L 水中
二苯硫腙	0.01	10mg 二苯硫腙溶于 100mL CCl_4 中
丁二酮肟	1	1g 丁二酮肟溶于 100mL 95%乙醇中
醋酸铀酰锌		(1)10g $UO_2(Ac)_2\cdot 2H_2O$ 和 6mL 6mol/L HAc 溶液溶于 50mL 去离子水中；(2)30g $Zn(OAc)_3\cdot 2H_2O$ 和 3mL 6mol/L HCl 溶液溶于 50mL 去离子水中；将(1)、(2)两种溶液混合，24h 后取清液使用
二苯碳酰二肼(二苯偕肼)	0.04	0.04g 二苯碳酰二肼溶于 20mL 95%乙醇中，边搅拌边加入 80mL(1∶9) H_2SO_4(存于冰箱可用 1 个月)
六亚硝酸合钴(Ⅲ)钠盐		$Na_3[Co(NO_2)_6]$和 NaOAc 各 20g，溶于 20mL 冰醋酸和 80mL 去离子水的混合溶液中，储于棕色瓶中备用(若溶液久置，颜色由棕变红即失效)

3. 以 pH 计的试剂配制

缓冲溶液	pH	配制方法
$NH_3\cdot H_2O$-NH_4Cl 缓冲溶液	10.0	称取 20.00g NH_4Cl 溶于适量去离子水中，加入 100.00mL 浓氨水(密度 0.9g/mL)混合稀释至 1L
邻苯二甲酸氢钾-氢氧化钠缓冲溶液	4.00	量取 0.200mol/L 邻苯二甲酸氢钾溶液 250.00mL、0.100mol/L 氢氧化钠溶液 4.00mL，混合后用去离子水稀释至 1L

六、常用缓冲溶液的 pH 范围

缓冲溶液	pK_a^θ	pH 有效范围
盐酸-邻苯二甲酸氢钾[HCl-$C_6H_4(COO)_2HK$]	3.1	2.2～4.0
柠檬酸-氢氧化钠[$(OH)C_3H_4(COOH)_3$-$NaOH$]	2.9，4.1，5.8	2.2～6.5
甲酸-氢氧化钠[$HCOOH$-$NaOH$]	3.8	2.8～4.6
醋酸-醋酸钠[CH_3COOH-CH_3COONa]	4.8	3.6～5.6
邻苯二甲酸氢钾-氢氧化钾[$C_6H_4(COO)_2HK$-KOH]	5.4	4.0～6.2

续表

缓冲溶液	pK_a^θ	pH 有效范围
琥珀酸氢钠-琥珀酸钠[$HOOCCH_2CH_2COONa$-$NaOOCCH_2CH_2COONa$]	5.5	4.8～6.3
柠檬酸氢二钠-氢氧化钠[$(OH)C_3H_4(COO)_3HNa_2$-NaOH]	5.8	5.0～6.3
磷酸二氢钾-氢氧化钠[KH_2PO_4-NaOH]	7.2	5.8～8.0
磷酸二氢钾-硼砂[KH_2PO_4-$Na_2B_4O_7$]	7.2	5.8～9.2
磷酸二氢钾-磷酸氢二钾[KH_2PO_4-K_2HPO_4]	7.2	5.9～8.0
硼酸-硼砂[H_3BO_3-$Na_2B_4O_7$]	9.2	7.2～9.2
硼酸-氢氧化钠[H_3BO_3-NaOH]	9.2	8.0～10.0
氯化铵-氨水[NH_4Cl-$NH_3 \cdot H_2O$]	9.3	8.3～10.3
碳酸氢钠-碳酸钠[$NaHCO_3$-Na_2CO_3]	10.3	9.2～11.0
磷酸氢二钠-氢氧化钠[Na_2HPO_4-NaOH]	12.4	11.0～12.0

七、酸碱指示剂

指示剂	pH 变化范围	颜色		pK_{HIn}^θ	浓度
		酸色	碱色		
百里酚蓝(第一次变色)	1.8～2.8	红	黄	1.6	1g/L 的 20%乙醇溶液
百里酚蓝(第二次变色)	8.0～9.6	黄	蓝	8.9	1g/L 的 20%乙醇溶液
甲基黄	2.9～4.0	红	黄	3.3	1g/L 的 90%乙醇溶液
甲基橙	3.1～4.4	红	黄	3.4	0.05g/L 的水溶液
溴酚蓝	3.1～4.6	黄	紫	4.1	1g/L 的 20%乙醇溶液或其钠盐的水溶液
溴甲酚绿	3.8～5.4	黄	蓝	4.9	1g/L 的水溶液，每 100mg 指示剂加 0.05mol/L NaOH2.9mL
甲基红	4.4～6.2	红	黄	5.2	1g/L 的 60%乙醇溶液或其钠盐的水溶液
溴甲酚紫	5.2～6.8	黄	紫	6.3	1g/L 的 20%乙醇溶液
中性红	6.8～8.0	红	黄	7.4	1g/L 的 60%乙醇溶液
酚红	6.7～8.4	黄	红	8.0	1g/L 的 60%乙醇溶液或其钠盐水溶液
酚酞	8.0～9.6	无	红	9.1	1g/L 的 90%乙醇溶液
茜素黄	10.1～12.0	黄	紫	—	0.1%的水溶液
百里酚酞	9.4～10.6	无	蓝	10.0	1g/L 的 90%乙醇溶液

八、离子常见反应

1. 常见阳离子与常见试剂的反应

离子	HCl	H_2SO_4	NaOH		$NH_3 \cdot H_2O$		$c(H^+)$ = 0.3mol/L 下通 H_2S	$(NH_4)_2S$ 或硫化物沉淀后加入过量$(NH_4)_2S$
			适量	过量	适量	过量		
Na^+								
NH_4^+								
K^+								

续表

离子	HCl	H_2SO_4	NaOH		$NH_3 \cdot H_2O$		$c(H^+)$ = 0.3mol/L下通 H_2S	$(NH_4)_2S$ 或硫化物沉淀后加入过量 $(NH_4)_2S$
			适量	过量	适量	过量		
Mg^{2+}			$Mg(OH)_2\downarrow$ (白色)	(难溶)	$Mg(OH)_2\downarrow$	(难溶)		
Ba^{2+}		$BaSO_4$ (白色)	$Ba(OH)_2\downarrow$① (白色)	(难溶)				
Sr^{2+}		$SrSO_4$ (白色)	$Sr(OH)_2\downarrow$① (白色)	(难溶)				
Ca^{2+}		$CaSO_4$① (白色)	$Ca(OH)_2\downarrow$① (白色)	(难溶)				
Al^{3+}			$Al(OH)_3\downarrow$ (白色)	$[Al(OH)_4]^-$ (无色)	$Al(OH)_3\downarrow$	(微溶)		$Al(OH)_3\downarrow$
Sn^{2+}			$Sn(OH)_2\downarrow$ (白色)	$[Sn(OH)_4]^{2-}$ (无色)	$Sn(OH)_2\downarrow$	(难溶)	$SnS\downarrow$ (褐色)	(无色)
Sn^{4+}			$Sn(OH)_4\downarrow$ (白色)	$[Sn(OH)_6]^{2-}$ (无色)	$Sn(OH)_4\downarrow$	(难溶)	$SnS_2\downarrow$ (黄色)	$SnS_3{}^{2-}$
Pb^{2+}	$PbCl_2\downarrow$① (白色)	$PbSO_4$ (白色)	$Pb(OH)_2\downarrow$ (白色)	$[Pb(OH)_4]^{2-}$ (无色)	$Pb(OH)_2\downarrow$ 或碱式盐$\downarrow$	(难溶)	$PbS\downarrow$ (黑色)	(无色)
Sb^{3+}			$Sb(OH)_3\downarrow$ (白色)	$[Sb(OH)_4]^-$ (无色)	$Sb(OH)_3\downarrow$	(难溶)	$Sb_2S_3\downarrow$ (橙红)	$SbS_3{}^{3-}$
Sb^{5+}			$H_3SbO_4\downarrow$ (白色)	(难溶)	$H_3SbO_4\downarrow$	(难溶)	$Sb_2S_5\downarrow$ (橙红)	$SbS_4{}^{3-}$
Bi^{3+}			$Bi(OH)_3\downarrow$ (白色)	(难溶)	$Bi(OH)_3\downarrow$	(难溶)	$Bi_2S_3\downarrow$ (黑褐)	(无色)
$Cu_2{}^+$			$Cu(OH)_2\downarrow$ (浅蓝色)	$[Cu(OH)_4]^{2-}$ (亮蓝)	碱式盐$\downarrow$ (浅蓝色)	$[Cu(NH_3)_4]^{2+}$ (深蓝色)	$CuS\downarrow$ (黑色)	(难溶)
Ag^+	$AgCl\downarrow$ (白色)	$Ag_2SO_4$① (白色)	$Ag_2O\downarrow$ (棕褐)	(难溶)	$Ag_2O\downarrow$	$[Ag(NH_3)_2]^+$ (无色)	$Ag_2S\downarrow$ (黑色)	(难溶)
Zn^{2+}			$Zn(OH)_2\downarrow$ (白色)	$[Zn(OH)_4]^{2-}$ (无色)	$Zn(OH)_2\downarrow$	$[Zn(NH_3)_4]^{2+}$ (无色)		ZnS (白色)
Cd^{2+}			$Cd(OH)_2\downarrow$ (白色)	(难溶)	$Cd(OH)_2\downarrow$	$[Cd(NH_3)_4]^{2+}$ (无色)	$CdS\downarrow$ (黄色)	(难溶)
Hg^{2+}			$HgO\downarrow$ (黄色)	(难溶)	$HgNH_2Cl\downarrow$② (白色)	(难溶)	$HgS\downarrow$ (黑色)	$[HgS_2]^{2-}$ (浓 Na_2S)
$Hg_2{}^{2+}$	$Hg_2Cl_2\downarrow$ (白色)	$Hg_2SO_4$② (白色)	$Hg_2O\downarrow\rightarrow$ $HgO\downarrow + Hg\downarrow$ (黑色)	(难溶)	$HgNH_2Cl\downarrow$ $+Hg\downarrow$ (黑色)	(难溶)	$HgS\downarrow +$ $Hg\downarrow$	(难溶)
Cr^{3+}			$Cr(OH)_3\downarrow$ (灰绿色)	$[Cr(OH)_4]^-$ (亮绿)	$Cr(OH)_3\downarrow$	(难溶)		$Cr(OH)_3\downarrow$
Mn^{2+}			$Mn(OH)_2\downarrow$ →(肉色) $MnO(OH)_2\downarrow$ (棕色)	(难溶)	$Mn(OH)_2\downarrow\rightarrow$ $MnO(OH)_2$	(难溶)		MnS (肉色)
Fe^{2+}			$Fe(OH)_2\downarrow$ →(白色) $Fe(OH)_3\downarrow$ (红棕色)	(难溶)	$Fe(OH)_2\downarrow$ → $Fe(OH)_3\downarrow$	(难溶)		FeS (黑色)

续表

离子	HCl	H_2SO_4	NaOH		$NH_3 \cdot H_2O$		$c(H^+)=0.3mol/L$ 下通 H_2S	$(NH_4)_2S$ 或硫化物沉淀后加入过量 $(NH_4)_2S$
			适量	过量	适量	过量		
Fe^{3+}			$Fe(OH)_3\downarrow$ (红棕色)	(难溶)	$Fe(OH)_3\downarrow$	(难溶)	$S\downarrow$	Fe_2S_3 (黑色)
Co^{2+}			$Co(OH)_2$ →(粉红) $CoO(OH)\downarrow$ (褐色)	(难溶)	碱式盐↓ (蓝色)	$[Co(NH_3)_6]^{2+}$ →(土黄色) $[Co(NH_3)_6]^{3+}$ (棕红色)		CoS (黑色)
Ni^{2+}			$Ni(OH)_2\downarrow$ (绿色)	(难溶)	碱式盐↓ (浅绿色)	$[Ni(NH_3)_6]^{2+}$ (蓝色)		NiS (黑色)

①浓度大时才会出现沉淀；②$Hg(NO_3)_2$ 与 $NH_3 \cdot H_2O$ 反应则生成 $HgO \cdot NH_2HgNO_3$ 白色沉淀，$Hg_2(NO_3)_2$ 与 $NH_3 \cdot H_2O$ 反应则生成 $HgO \cdot NH_2HgNO_3 + Hg$ 黑色沉淀。

2. 常见阴离子与常见试剂的反应

试剂 离子	稀 H_2SO_4 (或稀 HCl)	$BaCl_2$		$AgNO_3$		I_2-淀粉	$KMnO_4$	KI-淀粉
		中性或弱碱性溶液	酸性溶液或沉淀后加酸	中性或微酸性溶液	稀 HNO_3 溶液中			
SO_4^{2-}		$BaSO_4\downarrow$ (白色)	$BaSO_4\downarrow$ (白色)	$Ag_2SO_4\downarrow$ (白色) 只在浓溶液中析出				
SO_3^{2-}	$SO_2\uparrow$	$BaSO_3\downarrow$ (白色)	溶解	$Ag_2SO_3\downarrow$ (白色)		SO_4^{2-} (蓝色褪去)	SO_4^{2-} (紫色褪去)	
$S_2O_3^{2-}$	$SO_2\uparrow$ $+S\downarrow$	$BaS_2O_3\downarrow$ (白色)	溶解	$Ag_2S_2O_3\downarrow$ $\rightarrow Ag_2S\downarrow$ 颜色由白→黄→棕→黑	$S\downarrow$	$S_4O_6^{2-}$ (蓝色褪去)	SO_4^{2-} (紫色褪去)	
CO_3^{2-}	$CO_2\uparrow$	$BaCO_3\downarrow$ (白色)	溶解	$Ag_2CO_3\downarrow$ (白色)	$CO_2\uparrow$			
PO_4^{3-}		$Ba_3(PO_4)_2\downarrow$ (白色)	溶解	$Ag_3PO_4\downarrow$ (黄色)				
SiO_3^{2-}	$H_2SiO_3\downarrow$ (胶状)	$BaSiO_3\downarrow$ (白色)	$H_2SiO_3\downarrow$	$Ag_2SiO_3\downarrow$ (黄色)	$H_2SiO_3\downarrow$			
AsO_3^{3-}		$Ba_3(AsO_3)_2\downarrow$ (白色)	溶解	$Ag_3AsO_3\downarrow$ (黄色)		AsO_4^{3-} (蓝色褪去) (碱性介质)	AsO_4^{3-} (紫色褪去)	
AsO_4^{3-}		$Ba_3(AsO_4)_2\downarrow$ (白色)	溶解	$Ag_3AsO_4\downarrow$ (黄色)				AsO_3^{3} (变蓝) (酸性介质)
F^-	浓 H_2SO_4 分解氟化物生成 HF	$BaF_2\downarrow$ (白色) 浓溶液中析出	溶解					
Cl^-				$AgCl\downarrow$ (白色)	$AgCl\downarrow$		$Cl_2\uparrow$ (紫色褪去)	

续表

试剂 离子	稀 H_2SO_4 (或稀 HCl)	$BaCl_2$		$AgNO_3$		I_2-淀粉	$KMnO_4$	KI-淀粉
		中性或弱碱性溶液	酸性溶液或沉淀后加酸	中性或微酸性溶液	稀 HNO_3 溶液中			
Br^-				$AgBr\downarrow$ (淡黄色)	$AgBr\downarrow$		Br_2 (紫色褪去)	
I^-				$AgI\downarrow$ (黄色)	$AgI\downarrow$		I_2 (紫色褪去)	
S^{2-}	$H_2S\uparrow$			$Ag_2S\downarrow$ (黑色)	$Ag_2S\downarrow$	$S\downarrow$ (蓝色褪去)	$S\downarrow$ (紫色褪去)	
NO_3^-								
NO_2^-	$NO_2\uparrow$ $+NO\uparrow$			$AgNO_2\downarrow$ (淡黄色)			$NO_3{}^-$ (紫色褪去)	$NO\uparrow$ (变蓝)
Ac^-	HAc							

九、常见离子和化合物的颜色

1. 常见离子的颜色附录

序号	物质	颜色	序号	物质	颜色
1	$[Ti(H_2O)_6]^{3+}$	紫色	5	$[Fe(H_2O)_6]^{3+}$	淡紫色①
	$[TiO(H_2O_2)]^{2+}$	橘黄色		$[Fe(NCS)_n]^{3-n}$	血红色($n\leqslant6$)
	$TiO_2{}^{2+}$	橙红色		$[Fe(CN)_6]^{4-}$	黄色
	TiO^{2+}	无色		$[Fe(CN)_6]^{3-}$	红棕色
2	$[V(H_2O)_6]^{2+}$	蓝紫色		$[FeCl_6]^{3-}$	黄色
	$[V(H_2O)_6]^{3+}$	绿色		$[FeF_6]^{3-}$	无色
	VO_3^-	黄色		$[Fe(C_2O_4)_3]^{3-}$	黄色
	VO_4^{3-}	浅黄色	6	$[Co(H_2O)_6]^{2+}$	粉红色
	VO^{2+}	蓝色		$[Co(NH_3)_6]^{2+}$	土黄色
	$VO_2{}^+$	黄色		$[Co(NH_3)_6]^{3+}$	红棕色
	V^{3+}	绿色		$[Co(NCS)_4]^{2-}$	蓝色(丙酮中)
	V^{2+}	紫色	7	$[Ni(H_2O)_6]^{2+}$	亮绿色
3	$[Cr(H_2O)_6]^{2+}$	天蓝色		$[Ni(NH_3)_6]^{2+}$	蓝色
	$[Cr(H_2O)_6]^{3+}$	蓝紫色		$[Ni(NH_3)_6]^{3+}$	浅紫色
	$[Cr(NH_3)_6]^{3+}$	黄色	8	$[Cu(H_2O)_4]^{2+}$	蓝色
	$[CrCl(H_2O)_5]^{2+}$	蓝绿色		$[Cu(NH_3)_4]^{2+}$	深蓝色
	$[CrCl_2(H_2O)_4]^+$	绿色		$[Cu(OH)_4]^{2-}$	蓝色
	$[Cr(OH)_4]^-$	亮绿色		$[CuCl_2]^-$	无色
	CrO_4^{2-}	黄色		$[Cu(NH_3)_2]^+$	无色
	$Cr_2O_7{}^{2-}$	橙色		$[CuCl_4]^{2-}$	黄色
4	$[Mn(H_2O)_6]^{2+}$	肉粉色	9	$[Ag(NH_3)_2]^+$	无色
	MnO_4^{2-}	绿色		$[Ag(S_2O_3)_2]^{3-}$	无色
	$MnO_4{}^-$	紫红色		$[Ag(CN)_2]^-$	无色
5	$[Fe(H_2O)_6]^{2+}$	浅绿色	10	$I_3{}^-$	浅棕黄色

①溶液中因为水解生成 $[Fe(H_2O)_5(OH)]^{2+}$ 而呈现棕黄色，未水解的 $FeCl_3$ 溶液因为生成 $FeCl_4^{2+}$ 也会呈棕黄色。

2. 常见化合物的颜色

类别	物质	颜色	类别	物质	颜色
氧化物	PbO_2	棕褐色	氧化物	As_2O_3	白色
	Pb_3O_4	红色		As_2O_5	白色
	Pb_2O_3	橙色		FeO	黑色
	Sb_2O_3	白色		Fe_2O_3	棕红色
	Bi_2O_3	黄色		Fe_3O_4	红色
	TiO_2	白色		CoO	灰绿色
	V_2O_5	橙或黄色		Co_2O_3	黑色
	VO_2	深蓝色		NiO	暗绿色
	V_2O_3	黑色		Ni_2O_3	黑色
	VO	黑色		Cu_2O	暗红色
	Cr_2O_3	绿色		Ag_2O	褐色
	CrO_3	橙红色		ZnO	白色
	MoO_2	紫色		CdO	棕黄色
	WO_2	棕红色		Hg_2O	黑色
	MnO_2	棕色		HgO	红色或黄色
氢氧化物	$Mg(OH)_2$	白色	氢氧化物	$Fe(OH)_2$	白色
	$Al(OH)_3$	白色		$Fe(OH)_3$	红棕色
	$Sn(OH)_2$	白色		$Co(OH)_2$	粉红色
	$Sn(OH)_4$	白色		CoO(OH)	褐色
	$Pb(OH)_2$	白色		$Ni(OH)_2$	绿色
	$Sb(OH)_3$	白色		NiO(OH)	黑色
	$Bi(OH)_3$	白色		CuOH	黄色
	BiO(OH)	灰黄色		$Cu(OH)_2$	浅蓝色
	$Cr(OH)_3$	灰绿色		$Zn(OH)_2$	白色
	$Mn(OH)_2$	白色		$Cd(OH)_2$	白色
	$MnO(OH)_2$	棕黑色			
硫化物	Sb_2S_3	橙色	硫化物	NiS	黑色
	Sb_2S_5	橙色		Cu_2S	黑色
	Bi_2S_3	黑色		CuS	黑色
	Bi_2S_5	黑褐色		Ag_2S	黑色
	MnS	肉色		ZnS	白色
	FeS	黑色		CdS	黄色
	Fe_2S_3	黑色		HgS	红色或黑色
	CoS	黑色		SnS	褐色
	As_2S_3	黄色		SnS_2	黄色
	As_2S_5	黄色		PbS	黑色

续表

类别	物质	颜色	类别	物质	颜色
氯化物	$Sn(OH)Cl$	白色	氯化物	$BiOCl$	白色
	$PbCl_2$	白色		$TiCl_2 \cdot 6H_2O$	紫色或绿色
	$SbOCl$	白色		$TiCl_3$	紫色
	$TiCl_4$	无色		$CoCl_2 \cdot H_2O$	蓝紫色
	$MnCl_2$	桃红色		$CoCl_2 \cdot 2H_2O$	紫红色
	$MnCl_3$	绿黑色		$CoCl_2 \cdot 6H_2O$	粉红色
	$CrCl_3 \cdot 6H_2O$	绿色		$Co(OH)Cl$	蓝色
	$FeCl_2$(无水)	白色		$CuCl$	白色
	$FeCl_2$(水溶液)	浅绿色		$CuCl_2$	蓝绿色
	$FeCl_3$(无水)	棕黑色		$AgCl$	白色
	$FeCl_3 \cdot 6H_2O$	棕黄色		$AuCl_3$	紫红色
	$NiCl_2$	绿色		$ZnCl_2$	白色
	$CdCl_2$	无色		Hg_2Cl_2	白色
	$CoCl_2$	蓝色		$Hg(NH_2)Cl$	白色
硫酸盐	$CaSO_4$	白色	硫酸盐	$(NH_4)_2Fe(SO_4)_2 \cdot 6H_2O$	浅绿色
	$SrSO_4$	白色		$NH_4Fe(SO_4)_2 \cdot 12H_2O$	浅紫色
	$BaSO_4$	白色		$CoSO_4 \cdot 7H_2O$	红色
	$PbSO_4$	白色		$Cu_2(OH)_2SO_4$	浅蓝色
	$Cr_2(SO_4)_3$	桃红色		$CuSO_4 \cdot 5H_2O$	蓝色
	$Cr_2(SO_4)_3 \cdot 18H_2O$	紫色		Ag_2SO_4	白色
	$Cr_2(SO_4)_3 \cdot 6H_2O$	绿色		Hg_2SO_4	白色
	$[Fe(NO)]SO_4$	深棕色		$HgSO_4 \cdot HgO$	黄色
溴化物	$PbBr_2$	白色	溴化物	$AgBr$	淡黄色
碘化物	PbI_2	黄色	碘化物	AgI	黄色
	SbI_3	黄色		Hg_2I_2	黄绿色
	BiI_3	褐色		HgI_2	红色
	CuI	白色			
碳酸盐	$CaCO_3$	白色	碳酸盐	$Co_2(OH)_2CO_3$	红色
	$Mg_2(OH)_2CO_3$	白色		$Ni_2(OH)_2CO_3$	浅绿色
	$SrCO_3$	白色		$Cu_2(OH)_2CO_3$	蓝色
	$BaCO_3$	白色		$Zn_2(OH)_2CO_3$	白色
	$Pb_2(OH)_2CO_3$	白色		$Cd_2(OH)_2CO_3$	白色
	$Bi(OH)CO_3$	白色		$Hg_2(OH)_2CO_3$	红褐色
	$MnCO_3$	白色		Ag_2CO_3	白色
	$FeCO_3$	白色		Hg_2CO_3	浅黄色
	$CdCO_3$	白色			

续表

类别	物质	颜色	类别	物质	颜色
磷酸盐	$Ca_3(PO_4)_2$	白色	磷酸盐	$MgNH_4PO_4$	白色
	$CaHPO_4$	白色		$FePO_4$	浅黄色
	$BaHPO_4$	白色		Ag_3PO_4	黄色
硅酸盐	$BaSiO_3$	白色	硅酸盐	$NiSiO_3$	翠绿色
	$MnSiO_3$	肉色		$CuSiO_3$	蓝色
	$Fe_2(SiO_3)_3$	棕红色		$ZnSiO_3$	白色
	$CoSiO_3$	紫色		Ag_2SiO_3	黄色
铬酸盐	$CaCrO_4$	黄色	铬酸盐	Ag_2CrO_4	砖红色
	$SrCrO_4$	浅黄色		Hg_2CrO_4	棕色
	$BaCrO_4$	黄色		$CdCrO_4$	黄色
	$PbCrO_4$	黄色		Hg_2CrO_4	红色
草酸盐	CaC_2O_4	白色	草酸盐	FeC_2O_4	浅黄色
	BaC_2O_4	白色		$Ag_2C_2O_4$	白色
	PbC_2O_4	白色			
拟卤化物	$CuCN$	白色	拟卤化物	$AgCN$	白色
	$Cu(CN)_2$	黄色		$AgSCN$	白色
	$Ni(CN)_2$	浅绿色			
其他含氧酸盐	$BaSO_3$	白色	其他含氧酸盐	$NaBiO_3$	浅黄色
	BaS_2O_3	白色		$Ag_2S_2O_3$	白色
其他化合物	$Mn_2[Fe(CN)_6]$	白色	其他化合物	$Zn_2[Fe(CN)_6]$	白色
	$K[Fe(CN)_6Fe]$	深蓝色		$Cu_2[Fe(CN)_6]$	棕红色
	$Co_2[Fe(CN)_6]$	绿色		$(NH_4)_3PO_4 \cdot 12MoO_3 \cdot 6H_2O$	黄色
	$Ni_2[Fe(CN)_6]$	浅绿色		二丁二酮肟合镍(Ⅱ)	桃红色

参 考 文 献

［1］ 北京师范大学，等．无机化学实验．第 4 版．北京：高等教育出版社，2014.

［2］ 北京师范大学，等．化学基础实验．北京：高等教育出版社，2016.

［3］ 包新华，邢彦军，李向清．无机化学实验．北京：科学出版社，2016.

［4］ 华东理工大学无机化学教研组．无机化学实验．第 4 版．北京：高等教育出版社，2017.

［5］ 蔡定建．无机化学实验．北京：华中科技大学出版社．2015.

［6］ 刘志宏．无机化学实验．北京：高等教育出版社．2016.

［7］ 中山大学，等．无机化学实验．北京：高等教育出版社．2014.

［8］ 吉林大学．基础化学实验（无机化学实验分册）．第 2 版．北京：高等教育出版社．2015.

［9］ 天津大学．无机化学与化学分析实验．北京：高等教育出版社．2015.

［10］ 倪静安，高世萍，李运涛，等．无机及分析化学实验．北京：高等教育出版社．2006.

［11］ 南京大学．无机及分析化学实验．第 5 版．北京：高等教育出版社．2016.

［12］ Zhong S L，Zhuang J Y，Yang D P，et al. Eggshell membrane-templated synthesis of 3D hierarchical porous Au networks for electrochemical nonenzymatic glucose sensor. Biosensors and Bioelectronics，2017，96：26-32.

［13］ Han L，Yang D P，Liu A H. Leaf-templated synthesis of 3D hierarchical porous cobalt oxide nanostructure as direct electrochemical biosensing interface with enhanced electrocatalysis. Biosensors and Bioelectronics，2015，63：145-152.

［14］ Cao H M，Yang D P，et al. Protein-inorganic hybrid nanoflowers as ultrasensitive electrochemical cytosensing interfaces for evaluation of cell surface sialic acid. Biosensors and Bioelectronics，2015，68：329-335.

［15］ Chen X Y，Yang D P，et al. Protein-templated Fe_2O_3 microspheres for highly sensitive amperometric detection of dopamine. Microchimica Acta，2018，185：340-347.